中华精神家园

悠久历史

三农史志

历代农业与土地制度

肖东发 主编　邢建华 编著

中国出版集团

现代出版社

图书在版编目（CIP）数据

三农史志 / 邢建华编著. — 北京：现代出版社，2014.11（2019.1重印）
（中华精神家园书系）
ISBN 978-7-5143-3078-6

Ⅰ. ①三… Ⅱ. ①邢… Ⅲ. ①农业史－中国－古代②土地制度－经济史－中国－古代 Ⅳ. ①S-092.2 ②F329.02

中国版本图书馆CIP数据核字(2014)第244315号

三农史志：历代农业与土地制度

主　　编：	肖东发
作　　者：	邢建华
责任编辑：	王敬一
出版发行：	现代出版社
通信地址：	北京市定安门外安华里504号
邮政编码：	100011
电　　话：	010-64267325　64245264（传真）
网　　址：	www.1980xd.com
电子邮箱：	xiandai@cnpitc.com.cn
印　　刷：	固安县云鼎印刷有限公司
开　　本：	710mm×1000mm　1/16
印　　张：	10
版　　次：	2015年4月第1版　2021年3月第4次印刷
书　　号：	ISBN 978-7-5143-3078-6
定　　价：	29.80元

版权所有，翻印必究；未经许可，不得转载

党的十八大报告指出："文化是民族的血脉，是人民的精神家园。全面建成小康社会，实现中华民族伟大复兴，必须推动社会主义文化大发展大繁荣，兴起社会主义文化建设新高潮，提高国家文化软实力，发挥文化引领风尚、教育人民、服务社会、推动发展的作用。"

我国经过改革开放的历程，推进了民族振兴、国家富强、人民幸福的中国梦，推进了伟大复兴的历史进程。文化是立国之根，实现中国梦也是我国文化实现伟大复兴的过程，并最终体现为文化的发展繁荣。习近平指出，博大精深的中国优秀传统文化是我们在世界文化激荡中站稳脚跟的根基。中华文化源远流长，积淀着中华民族最深层的精神追求，代表着中华民族独特的精神标识，为中华民族生生不息、发展壮大提供了丰厚滋养。我们要认识中华文化的独特创造、价值理念、鲜明特色，增强文化自信和价值自信。

如今，我们正处在改革开放攻坚和经济发展的转型时期，面对世界各国形形色色的文化现象，面对各种眼花缭乱的现代传媒，我们要坚持文化自信，古为今用、洋为中用、推陈出新，有鉴别地加以对待，有扬弃地予以继承，传承和升华中华优秀传统文化，发展中国特色社会主义文化，增强国家文化软实力。

浩浩历史长河，熊熊文明薪火，中华文化源远流长，滚滚黄河、滔滔长江，是最直接的源头，这两大文化浪涛经过千百年冲刷洗礼和不断交流、融合以及沉淀，最终形成了求同存异、兼收并蓄的辉煌灿烂的中华文明，也是世界上唯一绵延不绝而从没中断的古老文化，并始终充满了生机与活力。

中华文化曾是东方文化摇篮，也是推动世界文明不断前行的动力之一。早在500年前，中华文化的四大发明催生了欧洲文艺复兴运动和地理大发现。中国四大发明先后传到西方，对于促进西方工业社会的形成和发展，曾起到了重要作用。

中华文化的力量，已经深深熔铸到我们的生命力、创造力和凝聚力中，是我们民族的基因。中华民族的精神，也已深深植根于绵延数千年的优秀文化传统之中，是我们的精神家园。

总之，中华文化博大精深，是中国各族人民五千年来创造、传承下来的物质文明和精神文明的总和，其内容包罗万象，浩若星汉，具有很强的文化纵深，蕴含丰富宝藏。我们要实现中华文化伟大复兴，首先要站在传统文化前沿，薪火相传，一脉相承，弘扬和发展五千年来优秀的、光明的、先进的、科学的、文明的和自豪的文化现象，融合古今中外一切文化精华，构建具有中国特色的现代民族文化，向世界和未来展示中华民族的文化力量、文化价值、文化形态与文化风采。

为此，在有关专家指导下，我们收集整理了大量古今资料和最新研究成果，特别编撰了本套大型书系。主要包括独具特色的语言文字、浩如烟海的文化典籍、名扬世界的科技工艺、异彩纷呈的文学艺术、充满智慧的中国哲学、完备而深刻的伦理道德、古风古韵的建筑遗存、深具内涵的自然名胜、悠久传承的历史文明，还有各具特色又相互交融的地域文化和民族文化等，充分显示了中华民族的厚重文化底蕴和强大民族凝聚力，具有极强的系统性、广博性和规模性。

本套书系的特点是全景展现，纵横捭阖，内容采取讲故事的方式进行叙述，语言通俗，明白晓畅，图文并茂，形象直观，古风古韵，格调高雅，具有很强的可读性、欣赏性、知识性和延伸性，能够让广大读者全面接触和感受中国文化的丰富内涵，增强中华儿女民族自尊心和文化自豪感，并能很好继承和弘扬中国文化，创造未来中国特色的先进民族文化。

2014年4月18日

目录 | 三农史志

上古时期——井田之制

夏代农业与井田制雏形　002
商代农业及其管理形式　009
西周农业与土地制度　016
春秋战国时期的农业　026

中古时期——均田流变

034　秦代农业生产和土地制度
040　汉代农业及土地全面私有化
050　三国两晋南北朝时的农业
061　隋代农业的发展与均田制
068　唐代的农业技术及均田制度

近古时期——佃农风行

五代十国时的农业经济　080
宋代农业经济与土地制度　086
元代农业经济的全面发展　099

近世时期——田赋结合

110　明代农业生产的进步
122　明代屯田制度与庄田
128　清代农业技术及农学
145　清代土地制度的演进

上古时期 井田之制

春秋战国是我国历史上的上古时期。这一时期，农作物品种的增多和铁农具的广泛使用为精耕细作创造了有利条件。

我国传统农业的特点，是人们想方设法从选种、播种、中耕除草、灌溉、施肥一直到最后的收获都给农作物创造最好的生长条件，也就是通过精耕细作，来实现提高单位面积产量的目的。而这一优良传统，早在我国春秋战国时期已经逐渐形成了。

随着井田制度的解体和土地私有制度的确立，我国的农业历史又跨入了新的阶段。

夏代农业与井田制雏形

夏朝是我国历史上第一个奴隶制王朝。夏代的农业在原始农业的基础上取得了巨大的成就。

夏朝对农业非常重视,其农耕技术水平较以前有了显著提高。夏朝发明了前所未有的生产工具,农作物品种也比以前增多了,还发明了用以指导人们生产活动的历法。此外,还出现了畜牧业和手工业。

夏朝出现了井田制的雏形。夏代的农业发展,开创了我国农业历史的先河,奠定了我国古代农业的良好基础。

■夏禹王像

夏朝的中心地区位于黄河中游，气候适宜。当时的农作物是谷、黍、粟、稷、稻等。主食是将黍、粟、稷、稻煮成稀粥、浓粥食用，社会上层则多食干饭。

在对多处二里头遗址的考古发掘中，都发现了黍壳、稻壳的遗存。证明了夏代农作物品种已经很多。

夏代的农作物以"畎亩法"进行种植，就是在两垄之间留一条沟，庄稼种于垄上。这种耕作技术，使农作物产量迅速提高。

这时的主要收割工具有石刀、石镰和蚌镰等。二里头遗址出土的石刀正面呈梯形，上有两面对穿的圆孔，一面刃，样式很像后世北方掐谷穗用的农具"铁爪镰"。

■ 石制劳动工具

二里头遗址还出土了一些弯月形的石镰和蚌镰，这也是那个时候的主要收割工具。石镰和蚌镰不仅能收割谷穗，而且连谷物的杆也可以收回来，可见那时的农业已脱离了原始状态。

夏代翻地的工具主要是木耒和石铲。在二里头遗址的房基、灰坑和墓葬的壁土上能看出木耒留下的痕迹。耒是木质的，从壁土上遗留的痕迹来看，它的形状大体是在木柄的一端分成双叉，主要用来掘土。古书上也有大禹"身执耒臿"的记载。

二里头遗址 位于河南省偃师市翟镇镇二里头村，被学术界公认为最重要的古文化遗址之一。作为全国重点文物保护单位，二里头遗址对研究华夏文明的渊源、国家的兴起、城市的起源、王都建设、王宫定制等重大问题均有重要的参考价值。

■古代农具耒耜

大禹 姒姓,夏后氏,名文命,号禹,后世尊称大禹。他是黄帝轩辕氏玄孙。大禹是夏后氏部落的首领,相传因治黄河水患有功,通过禅让制得到帝位,他的儿子启建立了我国第一个奴隶制王朝夏朝。

在夏代,水利技术有了发展。《论语·泰伯》载禹"尽力乎沟洫",变水灾为水利,服务农耕。夏代水利技术主要表现在水井的使用比以前有所增多。

在河南省洛阳锤李、二里头遗址都发现了水井。锤李遗址的水井是圆形的,口径1.6米,深6米多,在这口古井中发现有高领罐、直领罐等遗物,可能是当时汲水落井遗留的器物。

二里头遗址有一口井,它是长方形的,长1.95米,宽1.5米,井深4米以上,井筒是光滑的直壁,证明它不是窑穴。壁上有对称的脚窝,那是为了掏井和捞拾落井器具而挖的。

在当时,水井的使用可以改变那种追逐水源、迁徙不定的生活,使人们有可能长期定居在一个地方,而定居生活又是农业发展的一个非常重要的条件。水井还可以浇地,不过,当时的条件不可能出现大面积的水浇地。

夏代先进的历法《夏小正》,是指导当时人们进行农业生产的重要依据。在先秦古籍中,往往提到

■石镰刀

"夏时"，指的就是夏代历法。夏代历法按月记录了时令物候，用以指导农业生产活动。

夏代历法是根据尧舜时代"观象授时"的原则，在观察天象的基础上形成的。它根据北斗七星斗柄旋转的规律，确定一年12个月，以斗柄指向寅的正月为一年开始的第一个月。

以建寅之月为岁首。夏朝已经开始使用干支记日，夏朝最后几个国王如孔甲、履癸等便是以天干来命名的。

《夏小正》按月记录了时令物候，对农业生产的安排有密切关系。后代的历法，从形式到内容，都承袭《夏小正》而加以发展。

如《吕氏春秋》中的十二月纪，即收在《礼记》中的《月令》，就是承袭《夏小正》的。汉朝崔的《四民月令》，也在一定程度上承袭了《夏小正》。历代的历法都和《夏小正》有承袭关系。

制陶业在夏代可能已经成为一个极为重要的独立的行业。只有农业的相当发展，制作大型容器才成为必要。

在二里头遗址出土的大口尊、瓮以及大陶罐等，与龙山文化早期、中期的器物相比，它们确实成了庞然大物。这些大型器物，有一些应是贮存食物的用具。

> **龙山文化** 泛指我国黄河中、下游地区约在新石器时代晚期的一类文化遗存。铜石并用时代文化，因首次发现于山东省历城龙山镇而得名，距今约4500年。是我国制陶史上的顶峰时期。

■夏代十字纹方钺

少康 少康的父亲夏后氏首领姒相被寒浞杀死,少康是姒相的遗腹子。少康长大后,志在复国,在同姓部落斟灌氏与斟鄩氏的帮助下,与夏后氏遗臣伯靡等人合力,攻灭了寒浞,恢复了夏王朝的统治。史称"少康中兴"。

至于青铜器,我国已经在二里头遗址发现了铜刀。如果二里头遗址文化被认为是夏朝时期的文化,那么这件青铜器就是夏朝时期的。

夏代青铜器的形式非常接近陶器。夏代铸造青铜的历史不长,青铜器没有形成一个好的规范,所以它有点像陶器的样子,跟夏代出土的陶器样式差不多,比较原始,它没有好多花纹,有小圆点,刻画简单的线条。

在二里头遗址的一些墓葬中,还发现有细长的觚、有带管状流的盉,以及那种3个空足、有耳有流的鬶等专用酒器,足见当时饮酒风气十分盛行。

有的文献上记载说,古时候用黄米做"酒"是夏朝第六个国王少康发明的。酿酒的主要原料是粮食,没有相当多的粮食收获,大量酿酒是不可能的。从考

■ 夏代彩陶三足盖罐

■ 夏代嵌贝彩陶鬲

古发掘佐证的夏代专用酒器的普遍出现，就可以推测当时粮食产量的概况。

传说禹的大臣仪狄开始酿造酒，夏后少康又发明了秫酒的酿造方法。新石器时代后期中原文化中的龙山文化就有了酿酒的习惯，到了生产力更强的夏代，酿好酒、饮好酒变成了一种权力和财力的象征。

古文献中记载到的"杜康造酒""仪狄作酒""太康造秫酒""少康作秫酒"等传说都可以佐证酒在这个时期的重要性。

■夏代云纹鼎

夏代还出现了畜牧业，有一些专门从事畜牧业的氏族部落。如有扈氏在甘这个地方战败后，被贬为牧奴从事畜牧工作。马的饲养得到很大重视。

夏代存在着公社及其所有制即井田制度，是大多数史学家的一致看法。此外，有很多史料表明，夏代确已出现了"井田"的格局。

《左传·哀公元年》记载，少康在"太康失国"后投奔有虞氏，"有田一成，有众一旅"，后来夺回了夏的权位。这里所说的"一成"，当是《周礼·考工记·匠人》所说的"方十里为成"的"成"。一井就是一里，"方十里为成"的"成"，就是百井。

仪狄 夏禹时代司掌造酒的官员，相传是我国最早的酿酒人，女性。史书《吕氏春秋》有"仪狄造酒"。其他文献也有同样的说法。大致意思是夏禹叫仪狄去酿酒，仪狄经过一番努力后，酿出味道很好的美酒，就进献给夏禹，夏禹喝了，觉得确实不错。

■夏代生活用具

《汉书·刑法志》又说：

地方一里为井，井十为通，通十为成，成方十里；成十为终，终十为同，同方百里；同十为封，封十为畿，畿方千里。

这段话虽然说的是殷周之制，但从这里所说的"成方十里""成十为终"是区划土地的单位名称看来，使我们可以肯定，《左传·哀公元年》中的"有田一成"的"成"，反映了夏代井田制的存在。其他古代文献中也多谓井田之制，"实始于禹"，这也是个证明。

由以上考证可知，后世的井田制度在夏代就已经存在，只是当时还没有大规模推广而已。

阅读链接

杜康是黄帝手下管理粮食的大臣。因连年丰收，粮食越打越多，于是，杜康把打下的粮食全部装进树林中的枯树洞里。粮食在树洞里慢慢发酵。

一年后，杜康上山查看粮食，发现那些树洞裂开了缝并往外渗水，还有一股清香的气味，就不由得尝了几口。还用尖底罐装回一些，想让皇帝也尝尝。

黄帝仔细品尝了杜康带来的味道浓香的水，命仓颉给这种香味很浓的水取个名字。仓颉随口造了一个"酒"字。后世人为了纪念杜康，便将他尊为"造酒始祖"。

商代农业及其管理形式

商朝又称殷、殷商,是我国历史上第一个有同时期的文字记载的朝代。商代的农业生产很发达,从商代甲骨文卜辞中反映的情况来看,农业已经成为了社会的主要部门,在生产和生活中占有十分主导的地位。

与农业密切相关的历法、酒业、园艺业和蚕桑业、畜牧业及渔猎都有一定的发展。

商代的土地制度,已经形成了以商王为奴隶主贵族代表的土地私有制度。

■商汤画像

商朝农业生产已成为社会生产的主要部门。甲骨文卜辞中大量记载了商朝人的农事活动,几乎包括与农业有关的各个方面。

卜辞中有大量"受年""受黍年""受稻年"等类词句。由卜辞可知,商代的主要农作物有禾、黍、稻、麦等。

在卜辞中,粮食作物的总称为"禾"。其中最主要的是"黍",也就是现在的"大黄米"。商代的麦就是今天的大麦。

农业生产过程中使用的工具主要还是木器、石器和蚌器。木器包括"耒"和"耜",这两种工具,都是用树枝加工而成。甲骨文中的"藉"字像人手持耒柄而用足踏耒端之形,说明耒耜在农业生产中发挥重要作用。

石制农器当时还在大量应用,如石铲、石镰等。至于谷物加工工具石磨、石碾、石碓,更是普遍存在。蚌器、骨器非常多,如骨铲、蚌镰等。

商代盛行火耕,用火来烧荒。在商代,在荒林茂草之中,野兽到处出没,除了使用这种放火烧光的方式,当时恐怕也没有其他的办法。农夫们等大火熄灭之后,把土地稍加平整,在灰土中,播下种子,变荒田为可耕地。

■ 甲骨文 我国一种古代文字,又称为"殷墟文字""殷契",是殷商时代刻在龟甲兽骨上的文字。它被认为是现代汉字的雏型,也被认为是汉字的书体之一,是现存我国古代最成熟的一种文字,因其最早发现刻在龟甲和兽骨上而得名。甲骨文的形状会因甲骨分期而略有差异,大致为武丁时期的甲骨最为完整,同时武丁时期也是现存甲骨数量最多的时期。

■ 商代的蚌镰

这种焚田的方法表明，即便商朝人定居于某处，他们的耕种地点也不是永远固定于一处的。他们今年焚田及耕种于此，明年则焚田及耕种于彼，也就是要经常性地"抛荒"。

在卜辞中，关于改换耕作地点的记载是随处可见的："甲辰卜，商受年。""庚子卜，雀受年。""囗寅卜，万受年。"这里所说的某地受年，是卜问应该在某地耕作才能得到丰收的回答，这种卜问大多于耕作之前进行。

此外，卜辞中还经常出现询问方位，而不是卜问固定地点的卜辞："癸卯贞，东受禾。""西方受禾。""北方受禾？""西方受禾？"所谓某方受禾，是卜问在什么方位耕作始获丰收的意思。这证明，每年的耕作地点都有变化，这是一种"抛荒"农业。

有人根据卜辞的内容进行研究，认为商代已在农田里施用农肥，并已有贮存人粪、畜粪以及造厩肥的方法。加之能清除杂草，使农作物的产量得以提高。收获的粮食被贮藏起来，所以卜辞中出现了"廪"字。

在殷墟的考古发掘中，发现了许多当时的窖穴，其中的一部分是用来储存粮食的。这种窖穴的底与壁多用草拌泥涂抹，底部还残留绿灰色的谷物的遗骸。有理由认为：以农业为主的自然经济在商王朝时

■ 商代青铜用具

■ 商代的石铲

期已经形成。

历法主要是为农业服务的。商朝人的历法发达。在甲骨文中，有世界上最早的日食、月食的记载。武丁时期的卜辞中有一条："庚申，月有食。"

经天文学家推断，公元前1311年10月24日这一天的凌晨，确实发生了一次月食，可见这条记载是有根据的。

用六十干支记日是从商代开始的。自商的先祖王亥起，商朝人开始用干支命名。在殷墟甲骨文中，发现了六十干支表。商朝人以10日为一旬，每旬的最后一日，要进行卜旬。在商朝人的历法中，以月亮盈亏一次为一个月，月份已经有大小之分。商朝人以12个月为一年，并且出现了闰月。

商代的历法已经脱离了单纯的太阴历，而是一种阴阳合历。太阴历以月亮盈亏一次为一月；太阳历以地球绕日一周为一年。这样，一年如果仅有12个月的话，每年要差出10天左右。

商朝人解决的办法，就是过一定的年份，就设置一个闰月，闰月放在年底。商朝人置闰，先是3年一闰，5年两闰，最后，使用17年七闰的办法。

卜辞中把一年的时间称为一祀，这是因为商朝人迷信，每年都有一次祭祀。甲骨文中的"年"字，跟现在的"季"字差不多，上面是个"禾"字，下半部

> **武丁** 姓子，名昭，是我国商朝第二十三位国王。商朝著名军事统帅。在位时期，曾攻打鬼方，并任用贤臣傅说为相，妻子妇好为将军，商朝再度强盛，史称"武丁中兴。"

> **王亥** 子姓，又名振，契之后，冥之长子，河南商丘人。商部族的第七任首领，商族先公之一，华商始祖，华夏商朝人之缔造者。王亥不仅帮助父亲冥在治水中立了大功，而且还发明了牛车，开始驯牛，促使农牧业迅速发展，使商部落得以强大。

是个"人"字,好像是人背着一捆禾,象征着每年收获一次。

商代酿酒业发达,甲骨文中有很多关于酒的字。商代的酒有很多品种。如"醴",是用稻制作的甜酒;鬯,是用黍制作的香酒。

商代的青铜铲

《尚书·酒诰》记载,人民嗜酒,田逸,以致亡国,可见嗜酒风气之盛。现已出土的商代酒器种类繁多。这反映出商代青铜铸造业的空前发达。酿酒业及酒器铸造技术的发展,从一个侧面反映了商代农业生产的发达。

商代园艺和蚕桑业亦有发展。卜辞中有"圃"字,即苗圃;有"囿"字,即苑囿。当时的果树有杏、栗等。

卜辞中又有"蚕、桑、丝、帛"等字,商代遗址中还出土有玉蚕及铜针、陶纺轮等物。在出土的青铜器上有用丝织物包扎过的痕迹,从出土的玉人像上也可看到其衣服上的花纹。可见商代的蚕桑业及丝织业已较发达。

商代的石镰

商朝人在农业发展的同时,畜牧业也越来越兴旺了。在已经驯养的马、牛、羊、猪、狗、鸡这"六畜"中,马、牛、羊的数量有了惊人的增长。

马是商王室及其贵族、官吏在战争与狩猎时使用的

东夷 华夏人对东方民族的泛称，非特定的一个民族。夷又有诸夷、四夷、东夷、西夷、南夷、九夷等称。随着东夷与华夏的融合，汉朝之后，东夷变成对日本等东方国家的泛称。

田猎 狩猎；捕捉野生鸟兽。始于夏、商，以休闲猎获为目的，以选士练兵为手段。田猎的主要目的成了训练各种武器使用和车马的驾控，是集身体、技术、战术训练为一体的军事活动。

重要工具，因而受到特别重视。它有专职的小臣管理，驱使成批的奴隶饲养。从商代甲骨文中看到，武丁以后至纣王时期，商代的战争是非常频繁的，规模也是很大的，最大的一次可动用一万余名士卒。马

■ 记录历法的卜骨

是作战与运输的工具，每次动用的数量也是很大的。

当时还用奴隶饲养成群的牛羊，主要供食用和祭祀。商王和大贵族每次祭祀，用牲的数目都相当惊人，少则几头，多则几十、几百，甚至达到上千头。

此外，还大量饲养猪、狗、鸡等动物。它们既是当时人们获取肉食的主要来源，也是祭祀用的供品。另外还有鹿、象等，商代遗址中已发现象的遗骸。据记载"商朝人服象，为虐于东夷"，说明在征伐东夷的战争中，商朝人一度还使用象队。

■ 商代刻辞龟甲

商代时的黄河下游中原地区，气候温和，雨量充沛，并有广大的森林、草原、沼泽、湖泊，故作为农业、畜牧业补充的渔猎也很发达。

卜辞中有"王鱼""获鱼"的记载，商代遗址中也出土过许多鱼类、蚌类的遗骸。捕鱼的方法主要有网罟、钩钓、矢射等。

卜辞中又有"王田""王狩""获鹿""获麋""获虎""获兕"及"获象"的记载。狩猎方法主要有犬逐、车攻、矢射、布网设陷甚至焚山等，猎获野兽的种类和数量相当惊人。商王一次田猎获鹿可多达348头，获麋最多的是451头，足见其规模之大。

记录卜辞天象的甲骨文

在卜辞中，与土地有关的文字非常多，如"田"字，就很常见。"田"字表明在广平的原野上整治得整齐规则的大片方块土地。"疆"字象征丈量和划出疆界的田地。至于"畴"字，"田"与"寿"联合起来表示"长期归属农家耕作的田地"。田间按行垄犁耕，往返转折，这样的田畴当然不会耕作得很粗放。每个小方块代表一定的亩积，也是奴隶们的耕作单位。当时的农田已有规整的沟洫，构成了原始的灌溉系统。这些方块田，就是后来的井田。

商朝的土地归王所有，一部分土地由商王分赐给其他奴隶主作"封邑"，供臣下享用，就是商代奴隶制度下形成的土地制度。

阅读链接

伊尹在商汤手下主持国政，致力于发展经济。他建议商汤减轻征赋、鼓励生产。商汤采纳了他的意见，使生产得以发展，百姓安居乐业。

伊尹认为商业对经济的发展很重要，他建议商汤要尽可能地促进商品的流通。商汤接受了他的意见，商朝呈现出了生产发展、经济繁荣的局面。伊尹在辅佐商汤灭夏建国的过程中也发挥了重要作用。

西周农业与土地制度

西周的农业经济在商代的基础上有了较大的发展。一方面由于生产工具的改进和耕作经验的增加使粮食的产量有所提高，另一方面则因为天文、历法等科学技术在农业上的应用，使农业生产获得了较快的发展。

粮食的品种增加了，单位面积的产量也提高了，农业成为了整个社会的基础和主要部门。另外，畜牧业也有了相应的发展。

井田制在我国西周时期已经很成熟，成为较普及的土地制度，其实质是一种土地私有制度。

■ 周文王画像

周分封主要诸侯国示意图

　　周族在其先祖时期的经济是以畜牧业为主，农业生产很落后。在迁往岐山以后，周族的农业生产有了很快的发展；灭商之后，各地的先进生产经验得到了更为广泛的交流，农业成为社会经济的主要部门，发展更快了。

　　西周时，锋利的青铜农具得到较普遍使用，进行了规模较大的垦殖和耕耘。原来的抛荒制被休耕制代替，土地利用率提高。沤治和施用绿肥，以火烧法防治病虫害，标志了田间管理的新水平。

　　西周的农作物品种增加，谷类有黍、稷、粟、禾、谷、粱、麦、稻等，豆类有菽、任菽、藿等，麻

岐山 位于陕西省西部，宝鸡市东北部。是炎帝生息、周室肇基之地，是周文化的发祥地，是民族医学巨著《黄帝内经》、古代哲学宏著《周易》诞生之地。

西周时期的陶制水管

类有麻、苴、苎等。

周王朝特设场人，专管园圃，从事蔬菜、瓜果的生产。担任司稼的官员必须熟悉作物的不同品种及其适应种植地区，从而更好地指导农业生产。

当时的轮流休耕制已经得到推广。耕田主要靠人群密集型的劳动，通常是两人合作，即为"耦耕"。

周朝时在大田上第一年耕种的土地称为"菑"，第二年耕种的土地称为"畲"，第三年耕种的土地称为"新"。这里所说的菑、畲、新就是指耕种年数不同的田地。第三年耕种以后，地力已衰竭，就用抛荒的办法休耕以恢复地力，称为"一易"，数年之后，再次耕种。

西周时期青铜牛

周朝人已基本掌握了修筑排水和引水设施、除草、雍土、施肥、治虫等农业生产技术，并且经验越来越丰富。人们已经知道应用人工灌溉技术，不过在很大程度上他们仍然是依靠天然的雨水。在长江流域，水网密集，人们可能已懂得利用沟渠排水、灌溉的方法。

周朝人对于除草和雍土培苗技术已很重视。锄耕农业的推广，使垅作开始萌芽，耦耕和中耕除草技术在西周时期广泛实行是很自然的事。

在大量农业生产活动中，人们还掌握了消灭害虫的植物保护方法，以及收获后粮食的加工、贮藏方法，推广了以自然冰冷藏食品的技术。农业的发展使农产品加工业也不断发展，不仅酿酒技术比以前有所提高，而且出现了制造饴糖和煮桃、煮梅、用盐渍菜的方法。

在黄河流域和长江流域农业比较发达的地区，人们已经初步掌握了根据自然现象预测天气的知识。这些天象知识，对农业生产很有好处。物候知识也比夏商两代更进一步用来指导农时，在农业生产中人们特别注意观察熟悉的植物、动物的习性和生长变化规律，并与风、雨、干旱、冰冻等气象现象结合起来，

> **场人** 官名。西周设置，掌场圃收入。《国语·周语上》："场协入。"韦昭注："场人，掌场圃，委积珍物，敛而藏之也。"《周礼》谓为地官司徒的属官。

> **物候** 指植物在一年的生长中，随着气候的季节性变化而发生萌芽、抽枝、展叶、开花、结果及落叶、休眠等规律性变化的现象，称之为物候或物候现象；与之相适应的树木器官的动态时期称为生物气候学时期，简称为物候期。

■ 西周时期石斧

■西周时期的青铜驹

指导适时播种与收获。

在西周时,采集和渔猎经济仍占相当大的比重。各地考古发现证明了这一点,一些古代文献也有这方面的真实记录。

《诗经》300篇是从西周开始流传、积累和逐渐丰富起来的一部最古老的诗歌集,虽成书较晚,但其中也有许多诗歌反映了西周时期农业、手工业和采集、渔猎生产活动的情况。

在《黍离》《君子于役》《伐檀》《鸨羽》《七月》《无羊》等诗中,描述了砍伐树木、修整农具、种植黍稷、收割稻粱、为农夫送饭、放牧牛羊等劳动过程和场面。

在《关雎》《卷耳》《苤苢》《摽有梅》《谷风》《桑中》《木瓜》《采葛》《采薇》和《北山》等诗中,描述了妇女们采集荇菜、卷耳、苤苢、梅子、萝蕨、蔓青、芥菜、苦菜、香蒿、野麦、木瓜、野桃、野李等的情景与心情,可知采集活动仍是妇女们经常性的、繁重的劳动。

在《野有死麕》《新台》《硕人》《兔爰》《叔于田》等诗篇中,记述了猎人们捕获獐、鹿、雉、鹌、兔、獾,渔夫们设网捕获鳣、鲔等的情况。

在农业发展的同时,畜

■西周时期玉牛

西周时期青铜鹿

牧业和家庭饲养业也有相应的发展，西周时期的城市遗址、聚落遗址和墓地中，普遍出土了数量很多的牛、羊、马、猪、狗、鸡的骨骸。

据文献记载，祭祀用牲，牛为太牢，羊为少牢，重大庆典最多要宰杀用牲300头。由于各种祭祀活动频繁不断，可知当时畜牧业的发展已相当可观。

北方地区牛羊的饲养放牧十分兴旺，其中养羊业尤为突出，已熟悉对羊群的管理和饲养技术，并积累了不少防治牛羊疾病的经验。

当时每一群羊可过300头，但放牧的每群数量不宜过多，300头算是大群。在草原上辽阔的牧区，牛羊的数量很大，农业聚落则利用荒山与河滩放牧。

西周时期对饲养牛羊都特别重视繁育增殖，《礼记·王制》等文献明文规定"大夫无故不杀羊"，除祭祀、庆典和节日外，不能随意杀羊以为食。

市井屠宰贩卖的肉类主要是猪与狗；屠羊卖肉是春秋时期才逐渐出现的。商品羊在西周尚未出现，体现了社会上商业活动还有一定局

> **诸侯** 我国古代中央政权所分封的各国国君的统称。周代分公、侯、伯、子、男五等,汉朝分王、侯二等。西周制,诸侯名义上需服从王室的政令,向王室朝贡、述职、服役,以及出兵勤王等。汉时诸侯国由皇帝派相或长吏治理,王、侯仅食赋税。

> **卿大夫** 西周、春秋时周王及诸侯所分封的臣属。规定要服从君命,担任重要官职,辅助国君进行统治,并对国君有纳贡赋与服役的义务。但在其"家"内,为一"家"之主,世代掌握所属都邑的军政大权。

限性,养羊业还未脱离自然经济的阶段。

牛的饲养也很发达。新石器时代晚期至夏商两代,牛的数量日益增多,殷墟发现的卜骨,大多是牛胛骨,仅在小屯南地出土的牛胛骨就有4442片,可见养牛业的兴旺。西周遗址和墓地出土的牛骨更为丰富,同时出现了许多以牛为装饰的陶器、青铜器造型艺术品。

西周的土地制度是井田制,是奴隶社会的土地国有制。它与宗法制度紧密相连,在西周时期,得到进一步的发展。

周天子以宗主身份,将土地和依附在土地上的人民分封给新旧诸侯,诸侯国的国君在封地范围内又有最高的权力。

在诸侯国君的统辖范围内,再将部分可耕地建立采邑,分封给卿大夫,形成卿大夫之家;各卿大夫之家,再将所属范围内的土地分封给士。

这样,各级奴隶主贵族各自成为所受分地的实际占有者。他们世代相承,役使奴隶耕作,形成层层相属大小不等比较稳定的奴隶制经济单位。

西周时期有"国""野"之别。"国"中和

■ 西周时期的陶纺轮

"野"里虽然都有公社所有制即井田制度,但其中的"公田"和"私田"的存在形式并不完全相同。

西周时期鸭形尊

居于"野"里的多是商、夏族,周灭商后,他们的公社及其所有制几乎原封不动地沿存了下来,因而"公田"和"私田"在空间上是明显分开的。

"野"里的公社农民除了耕种自己的"私田"外,还要助耕"公田"。这种助耕"公田"的做法,在古代文献中称之为"助"或"藉"。

由于当时"野"里有"公田"和"私田"之分,"公田"上的收获物归国家,"私田"上的收获物则归公社农民所有,所以,西周时期的公社农民为其国家即奴隶主贵族耕种"公田"以代租税。

当时的土地由于是国有的,因而地租和赋税也是合一的。那时的公社农民在"公田"上所付出的代价,既代表了赋税,也算是向国家缴纳了地租。

西周时期"野"里的公社土地是要定期分配的。当时分配份地有两种办法,一个是遂人法,一个是大司徒法。

《周礼·地官·遂人》中说:

> 辨其野之土,上地、中地、下地,以颁田里。上地,夫一廛,田百亩,菜五十亩,余夫亦如之;中地,夫一廛,田百亩,菜百亩,余夫亦如之;下地,夫一廛,田百亩,菜二百亩,余夫亦如之。

■ 西周时期牛形尊

这里所说的"夫"是正夫,即一户之长。假如这个家是五口之家,这个夫就是有父母妻子的,夫自身则是一家的主要劳动力。

"余夫"是和"正夫"相对而言的,意思是剩余的劳动力。正夫的子弟,已娶妻,但并未分居的,亦称作余夫。

"廛"指的是房屋,"夫—廛"表明井田制中的土地分配还包括房屋的更换。"菜"指的是撂荒地,在土地分配中"菜"的亩数不同,正是用以调剂土地质量的不同。

"余夫亦如之",是说"正夫"分得的田是百亩,而"余夫"则是25亩,这个"余夫亦如之",指的是"余夫"所分得的田和菜的比例和正夫相同。

即"余夫"上地得37.5亩,以25亩为田,12.5亩为菜。中地得50亩,半田半菜。下地得75亩,25亩为

公社 原始社会的社会成员共同生产、共同消费的社会结合形式。如氏族公社等。西周时期的公社,在文献典籍中称为"邑",邑的范围极小,有小至10户人家的,所谓十室之邑。百户人家的公社已算大的了。

田，50亩为菜。

《周礼·地官·大司徒》中说：

> 凡造都鄙，制其地域而封沟之，以其室数制之，不易之地，家百亩；一易之地，家二百亩；再易之地，家三百亩。

郑众解释说："不易之地，岁种之，地美，故家百亩；一易之地，休一岁乃复种，地薄，故家二百亩；再易之地，休二岁乃复种，故家三百亩。"

这是适用于都鄙的土地分配制度。所谓都鄙，也就是"王子弟，公卿，大夫采地"。这种分配土地的办法，是以受田亩数的多寡来调剂土地的好坏。这种土地分配制度，要定期实行重新分配，其重新分配的时间是三年一换。

井田制度是我国奴隶社会最基本的土地制度，是夏、商、周三代社会的农业生产方式及其制度结构安排的总体描述，也是奴隶制国家赖以存在的经济基础。这种起源于原始社会末期农村公社的土地制度，在进入阶级社会以后，形式犹存，而性质已变。

阅读链接

周文王在我国历史上是一位名君圣主，被后世历代所称颂敬仰。

他在治岐期间，对内奉行德治，提倡"怀保小民"，大力发展农业生产，采用"九一而助"的政策，即划分田地，让农民助耕公田，纳九分之一的税。商朝人往来不收关税，有人犯罪妻子不连坐等，实行着封建制度初期的政治，即裕民政治，就是征收租税有节制，让农民有所积蓄，以刺激劳动兴趣。

岐周在他的治理下，国力日渐强大，最后灭掉了商，建立了不朽功业。

春秋战国时期的农业

春秋战国时期,诸侯争霸,战乱纷起。各路诸侯对于农业生产的重要性已经有了深刻的认识,一些诸侯国提出了"耕战"的口号,并通过一些政策,鼓励农民发展农业生产,支援战争。

在当时,铁农具逐渐代替青铜工具而广泛使用,兴修了众多水利工程,传统的精耕细作技术已初步形成,大大推动了农业的发展。

在土地制度方面,封建土地私有制度在战国末期已经逐渐形成。

■ 齐桓公雕像

春秋战国时期，粮食作物最主要的有：粟、黍、稻、麦、梁、菽、麻等。农作物产量有了提高。在一般年景下，一市亩的田地约可产粟9斗6升多，最好的年成，可以产3石8斗5升。

春秋战国时期的铁农具，最初只是在木工具上镶铁刃，但因冶炼技术水平所限，多为白口铁，铁中的碳以极脆硬的碳化铁形式存在，农具易断裂。后来，随着铸铁柔化技术的出现，白口铁可退火处理成韧性铸铁，农具强度逐渐提高。

■ 春秋时期的耦犁

《山海经》中记载，有明确地点的铁山共37处。考古材料说明，北自辽东半岛，东至海滨，南至广东，西到陕西、四川，包括当时七国的主要地区，都有战国时期的铁器出土。

春秋战国时期，犁逐渐代替了耒耜，牛耕逐渐代替了人耕。牛耕大大提高了耕作效率，解放了劳动人手，牛耕的逐步推广是耕作技术的巨大进步，是我国古代耕作技术史上的一次革命。

春秋战国时期的精耕细作技术有了很大提高。《吕氏春秋》中的《任地》等篇是先秦文献中讲述农业科技最为集中和最为深入的一组论文，论述了从耕地、整地、播种、定苗、中耕除草、收获以及农时

铸铁柔化技术

在高温下将铸铁件长时间进行加热，使其化合碳发生变化，就可以改变它的材质和性能。其中有一种方法叫铸铁柔化处理，通过这种处理的铸铁叫可锻铸铁。此技术在战国时期已经出现。因而出现了新的生产工具，标志着社会生产力有了划时代的发展。

春秋时期的踏犁

等一整套具体的农业技术和原则，内容十分丰富。《任地》等篇的出现，标志着传统的精耕细作技术已初步形成。

这一时期的精耕细作主要有以下的一些技术特征：

一是提倡深耕。由于铁农具的广泛使用和牛耕的出现，为农业生产中实现精耕细作准备了条件。到了战国时期，深耕得到广泛提倡。

在《任地》中提出：刚硬的土壤要使它柔软些，柔软的土壤要使它刚硬些；休闲过的土地要开耕，耕作多年的土地要休闲；瘦瘠的土地要使它肥起来，过肥的土地要使它瘦一些；过于着实的土地要使它疏松一些，过于疏松的土地要使它着实一些；过于潮湿的土地要使它干爽些，过于干燥的土地要使它湿润些。

这表明，春秋战国时期，土壤耕作方面已积累了丰富的经验。

二是实行垄亩法。就是在高田里，将作物种在沟里，而不种在垄上，这样就有利于抗旱保墒。垄应该宽而平，沟应该窄而深。对于垄的内部构造，则要创造一个"上虚下实"的耕层结构，为农作物生长发育创造良好的土壤环境。

春秋战国时期的大铁锸

三是消灭"苗窃"。就是消灭由于播种过密，又不分行而造成的苗欺苗，彼此相妨现象。为此，播种量要

春秋战国时期农具

适当，不要太密，也不要太稀，而且要因地制宜地确定播种密度。这是有关合理密植原则的最早论述。

在株距和行距上，要求纵横成行，以保证田地通风，即使是大田的中间，也能吹到和风，而不致郁闭。这表明当时已有等距全苗的观念。

在覆土要求上，覆土厚度要适当，既不要过多，也不要太少。在间苗除草上，间苗时要求间去弱苗，并与除草同时进行。

四是审时。农业生产的一大特点是强烈的季节性。以耕期而言，土质不同，耕作期也有先后，土质黏重的"垆土"，应当先耕，而土质轻松的"靹土"，即使耕得晚些，也还来得及。

为了确定适耕期，《吕氏春秋》中总结了看物候定耕期的经验，指出："冬至后五旬七日，菖始生，菖者，百草之先生者也，于是始耕。"这是以菖蒲出生这个物候特征，作为适耕期开始的标志。

除了上述特点之外，春秋战国的农业技术还出现了一些引人注目的现象，如多粪肥田、连种制、防治害虫等，尽管当时还处于雏形阶段，但却为后来的发展奠定了基础。

春秋战国时期，各大诸侯国都很注意水利工程的兴修，或修筑堤防，或开凿运河，或兴建灌溉、排涝工程。这些工程的修建促进了农业生产和商业、交

春秋战国时期的铜锄

> **吴王夫差** 春秋时期吴国末代国君，阖庐之子。在位期间大败越国，攻破越都，使越屈服。越王勾践不忘国耻，国力逐渐恢复，后趁夫差率精锐赴黄池之会之机，率军乘虚而入，终灭吴国，夫差自刎。

> **都江堰** 位于四川成都，是李冰建设并使用至今的大型水利工程，被誉为"世界水利文化的鼻祖"。都江堰水利工程是全世界迄今为止，年代最久、唯一留存、以无坝引水为特征的水利工程，也是全国重点保护文物。

通的发展。

春秋末期，吴王夫差为了北上争霸，在长江至淮河间开凿运河邗沟，这是我国最早的有文献记载的运河。邗沟为农业灌溉和南北交通提供了便利。

战国时期，地势较低的齐国沿黄河修筑长堤，以防雨季河水泛滥。堤成后，齐国境内得保无虞。对岸的赵、魏两国由于面临洪水的威胁，也筑长堤以防洪水，这就使黄河下游两岸人民生产、生活得到一定的保障。

在这一时期兴修的水利灌溉工程中，最著名的是蜀太守李冰主持修建的都江堰和秦王政时候修建的郑国渠。

都江堰位于岷江中游的灌县。李冰组织修建了防洪、灌溉和有利于航运的都江堰，可以灌溉农田300万亩，使成都平原成为丰产地区。

郑国是韩国的著名水工，后来到秦。在他的主持下用了十几年时间，组织了数十万民工兴修了引泾水入洛河的水利灌溉工程。干渠长达300余里，灌溉面积4万顷，既便于交通，又使关中成了肥壤沃野。

随着铁制农具的使用，牛耕的推行，以及水利灌溉工程的建设，社会生产力迅速发展，各诸侯国实行

■ 春秋战国时期的镰刀

■ 春秋战国时期的铁剑

变法改革，"废井田、开阡陌"，开垦新荒地，利用撂荒地，成为各诸侯国变法改革的重要内容。

大量新荒地被开垦出来，撂荒地被充分利用起来，井田以外的私田不断增加，奴隶们的反抗也在不断加剧，作为奴隶制土地制度基本特征的井田制，逐渐趋向瓦解，土地私有制度迅速发展起来。

西周末期，周宣王宣布"不籍千亩"成为西周王畿内的井田趋向崩溃的标志。在古代农业被看作国之本，天子为了表示对农业的重视，在春耕的第一犁的开犁仪式必亲身而为，这就是籍千亩的来历，也叫"籍田"。周宣王对于只要耕一垅土这样的事也不愿去做，导致民心离散。

春秋时期，诸侯国的井田制逐渐走向了崩溃。

战国时期，各诸侯国新兴的地主在取得政权以后，都实行了变法改革，废除了以井田制为代表的土地所有制。

魏国是变法改革较早的诸侯国，李悝变法时，将"废沟洫"作为变法改革的重要内容，加速了井田制

郑国渠 最早在关中建设的大型水利工程，战国末年秦国开凿，公元前246年由韩国水工郑国主持兴建，约10年后完工。位于今天的泾阳县西北的泾河北岸。它灌溉面积约40000顷。

周宣王 姬姓，名静，周厉王之子，周朝第十一位王。在位期间，整顿朝政，使已衰落的周朝一时复兴。宣王的主要功业是讨伐侵扰周朝的戎、狄和淮夷，史称"宣王中兴"。

■战国时期人物吴起像

的崩溃。秦国是变法改革比较彻底的诸侯国,商鞅变法时,"废井田,开阡陌",促进了井田制的瓦解。楚国在吴起变法时,以政治强制手段变革土地制度,强令奴隶主贵族离开世袭领地,迁徙到边远地区从事开荒,彻底破坏了井田制。

春秋时期,土地私有制的初步发展,很多土地转为私有,包括采邑或赐田,贵族之间互相劫夺的土地以及开垦的荒地等。

战国时期,随着封建地主在斗争中的胜利,他们利用所掌握的政治权力,采取了一系列的政策措施和手段来巩固土地私有制。官府把土地赏赐给官吏和有军功的人,他们可以自由买卖土地而成为地主,工商业者以其所获得的利润购置土地而成为地主。到了战国末期,土地私有制就已经确立了。

> **阅读链接**
>
> 李冰受到重视农业生产和水利建设的秦昭襄王的重用,被派到蜀郡去做太守。
>
> 李冰到蜀郡后,立即着手了解民情。他看到成都平原广阔无边,土地肥沃,却人烟稀少,非常贫穷。原来是岷江年年泛滥所致。
>
> 李冰决心要征服这条河流,为当地的老百姓谋福。经过对岷江流域进行了全面考察和周密策划,李冰决定修筑一个免遭水淹的系统工程,后来,终于修成了名垂千古的都江堰。
>
> 李冰一心为民,千百年来一直受到四川人民的崇敬,被尊称为"川主"。

中古时期 均田流变

秦汉至隋唐是我国历史上的中古时期。

这一时期，耕地面积、农作物品种及农业人口的增加，为生产的发展创造了条件；犁耕的普及，极大提高了生产效率；历法的编订与完善，服务了农业生产；灌溉水网的修建与完善，在抗旱排涝中发挥了重要作用；精耕细作传统的形成，保障了农作物的产量；农牧业格局的调整，体现出农业经济的多样性。

另外，各个朝代的土地制度，也为农业的发展创造了条件，体现出鲜明的时代特征。

秦代农业生产和土地制度

秦朝是由战国后期一个诸侯王国发展起来的统一大国,是我国封建社会的第一个统一王朝。秦代在农业生产力水平和农业生产产量两个方面都超过了以前。

在土地制度方面,秦初承认土地私有,同时保留一定数量的休耕地,以法律形式在全国确认土地私有,并制定了相应的赋税制度。

土地私有制的建立,在当时有利于社会经济的恢复和发展。秦代土地制度的逐步完善,体现了封建土地制度初建时的特点。

■ 秦始皇画像

■ 耕牛雕塑

秦自商鞅变法以后，历代国君都把农业作为治国之本，非常重视水利建设，推广铁器和牛耕。战国时期所修建的都江堰灌溉系统、郑国渠，以及其他数以万计的陂池沟渠，直到秦统一后仍在发挥作用。

秦代配合水陆交通建设，又在陇西、关中、黔中、会稽等郡修建了大批新的水利设施，使更多的农田得到灌溉，提高了单位面积产量。

铁农具在战国已普遍使用，秦代的铁农具又有发展。近年考古发现大量秦时期的铁犁铧、铁臿、铁锄、铁镰等，不但分布广泛，而且器形有所改进。

秦政府设置有"左采铁""右采铁"等专管铁器生产和使用的官吏，足见对于铁器的重视。

牛耕与铁农具在战国时期才广泛推行起来，秦国是使用牛耕和铁农具的先进国家之一，这和西周时就在这个地区使用马耕或牛耕的历史不无关系。

> **会稽** 古地名，故吴越地。会稽因绍兴会稽山得名。公元前2198年，大禹大会诸侯于此。绍兴的会稽山，原来叫茅山，因为大禹当初召集了全国的诸侯来这里"大会计，爵有德，封有功"，禹会后病死而葬于此，为纪念大禹，诸侯更名茅山为会稽。

■《吕氏春秋》中关于农业的记载

秦国对于耕牛很是重视,在法律中规定有评比耕牛饲养的条文。在云梦秦简中,《秦律》规定对偷盗耕牛的人必须判罪。并规定厩苑所饲养的牛必须达到一定的繁殖率,完不成任务的要受处罚。而且定期进行考课,对饲养好的予以奖励,饲养差的给予处分。如此的重视耕牛,农业生产自然会不断发展。

铁农具和牛耕的使用,为开垦荒地、深耕细作、增加耕作效率提供了便利条件,使得秦代的耕作技术在战国的基础上进一步提高。

秦简中提到应根据不同的农作物决定每亩播种的数量,说明当时人们已经知道合理种植。另外,《秦律》也对如何搞好田间管理,保护农作物生长作了若干规定。

特别是秦始皇的相国吕不韦主编的《吕氏春秋》,其中《任地》《辨土》《审时》等编,是记载农业耕作技术的专著,记载了改良土壤、适时种植、间苗保墒、除草治虫等方面的经验和知识。

汉初流传的《耕田歌》道:"深耕穊种,立苗欲疏;非其种者,锄而去之。"实为耕作经验之谈。这首歌在秦代应已产生。

农业生产力的提高,必然带来农业生产产量的增

云梦秦简 又称睡虎地秦墓竹简、睡虎地秦简,是指在湖北省云梦县睡虎地秦墓中出土的大量竹简。其内容主要是秦朝时的法律制度、行政文书、医学著作以及关于吉凶时日的占卜书,对研究秦帝国发展历史提供了翔实的资料,具有十分重要的学术价值。

加。秦时的农业产量,无论就单位面积产量或总产量来说,都比战国时期其他国家高的。从秦国粮仓的设置和变化情况,最能反映秦国农业经济的发展状况。

中原地区是秦代粮食的主要产区,封建政权在这一带的存粮也非常之多。据《史记·郦生陆贾列传》载,秦末陈留尚有秦积粟数千万石。楚汉决战前夕,彭越攻下昌邑旁20余城,得谷十余万斛。

秦建于荥阳、成皋间的敖仓是当时最有名的粮仓,积粟甚多。刘邦曾据敖仓之粟打败了项羽,后来英布叛汉时,仍有人提出据敖仓之粟是成败的关键。可知秦汉之际10多年间,敖仓之粟取之不竭,其存粮是非常多的。

巴蜀地区也是秦代的重要产粮区,《华阳国志·蜀志》说:刘邦自汉中出三秦伐楚,萧何发蜀,汉米万船,而给助军粮。

《史记·高祖本纪》还记载,因汉初饥荒严重,刘邦遂令民就食蜀汉。说明秦汉纷扰之际,这里的粮食积累仍然丰富,农业生产相对稳定。

秦国的粮食不仅供给本国人们食用,而且还大量外运。早在公元前647年,晋国发生饥荒,晋君向秦穆公借粮。当时秦向晋输粮的场面是:在秦都雍至

> **陈留** 即今河南省开封市陈留镇。春秋时郑地,为陈所侵,故为陈留,战国时魏惠王都大梁,即其地。秦始皇一统中国后,废分封,置郡县,设立了陈留县,在今开封陈留镇。

> **彭越** 西汉开国功臣、著名将领。秦末聚兵起义,初在魏地起兵,后率兵归刘邦,拜魏相国、建成侯,与韩信、英布并称汉初三大名将,西汉建立后封为梁王。因被告发谋反,被刘邦以反叛的罪名诛杀。

■《史记》中关于秦积粟数千万石的记载

晋都绛的水路上，载粮食的船只绵延不断，其规模之大，好像一场战争。因此，历史上将这次输粮称之为"泛舟之役"。

秦生产的粮食，不仅可以满足其迅速增长的人口食用，而且还大量用来酿酒。

由以上论述不难发现秦国的农业经济是相当发展和繁荣的，特别是在秦统一中国的初期。正因为秦以谷物种植业为主的农业经济颇为发达，才使得秦有雄厚的经济基础，与东方诸国抗衡、争霸，并最终统一天下。到秦灭亡以后，汉也不得不承认"秦富十倍于天下"。

秦代的土地制度，是由国有土地和私有土地两部分构成的。国有土地是封建国家政府所有直接经营的土地，一般被称作官田或公田。这种土地遍及全国各地。另外未被私人开发占有的山林川泽、未被开垦的草地和荒地，也都属于封建官府所有。

国有土地有两种类型，一是封建官府直接占有和经营的官田或公田，二是封建皇帝、皇室占有和经营的官田和公田。如散布在全国各地的宫院、苑囿、行宫、园林、池沼、围场、陵地以及籍田、牧地等。

秦朝时期的陶仓

私有土地指的是私人占有的土地，亦称民田或私田。秦王朝统一全国后，于公元前216年公布"黔首自实田"的法令。

法令要求：平民自报所占土地面积，自报耕地面积、土地产量及大小人丁。所报内容由乡出人审查核实，并统一评定产量，计算每户应纳税额，最后登记入册，上报到县，经批准后，即按登记数征收。

按照这一法令，缴纳赋税即可取得土地所有权，其所有权得到国家法律的承认与保障。这样，秦朝也就以国家统一法令的形式，土地私有制在我国历史上确立起来。促进了地主经济的进一步发展。

秦代陶狗

私有土地又为地主私有和小土地所有两种形式。地主私有就是拥有较多土地。他们的土地来自赏赐、侵占、巧取、豪夺以及购买等。小土地所有就是直接生产者和自耕农拥有小块土地。

小土地所有者除原来的自由农民外，多系从农奴解放出来占有原来份地即私田的农民，还有开荒或购买而取得土地者。

阅读链接

秦始皇重视农业，重视土地的政策，推行重农抑商政策。

他不但下令占有土地的地主和自耕农只要向政府申报土地数额，缴纳赋税，还大力发展了全国的水陆交通，修建由咸阳通向燕齐和吴楚地区的驰道，以及由咸阳经云阳直达九原的直道，并在西南地区修筑"五尺道"。

他还开凿了灵渠，引湘入漓，联结起分流南北的湘江、漓江，沟通了长江水系与珠江水系。此外，秦始皇统一度量衡和统一币值，也为后世的经济发展奠定了重要的基础。

汉代农业及土地全面私有化

汉代分为西汉和东汉，是继秦代之后强盛的大一统帝国。汉代农业技术取得了很大进步。

农田作业的集约化，使整地、除草及不断中耕成为我国农业的标志性特征。同时，农作方式的集中和小规模农作，有助于农民在田间工作的精致和彻底。农具种类的多样化同样表明了农业的重要性。

两汉的封建土地制度，沿袭秦代的土地制度并有所发展。这些制度的最大特点，就是土地的全面私有化。西汉土地私有制的确立，对后世的影响巨大。

■汉高祖刘邦

汉代农作的规模一般都不大，每个农户的平均农作规模是20至30亩。当时的田租虽然名义上要根据产量的多少缴纳，但实际上是按照土地面积征收的，因此农民就尽可能多地进行生产。

■ 汉代彩釉磨房

结果出现了连作的农作方式，即连续种植同一种作物，或者是对不同作物进行轮作，而且从一年一熟制逐渐发展出了一年多熟制。从耕作技术上说，这显然是个进步。

除了作物轮作外，土地的集约使用还表现为对各种蔬菜进行间作套种。我国四大农书之一的《氾胜之书》提到了瓜、薤、豆之间的间作套种。黍与桑树也可以一起种植，烧过的黍秆灰可以给桑树苗提供养料，由于桑树苗只需要很小的空间，这样做还能充分利用桑树苗之间的空地。

由于耕地的连续使用及北方生长期较短，迫使农民必须更为经济地使用土地并发展更好的农业技术。

公元前1世纪初期，在赵过的提倡下，一种称为"代田"的耕种方式受到了汉王朝关注。

采用代田法，一亩农田要被划分为若干条甽，沟中犁起的土壤则被堆在甽旁形成一尺高的垄。种子播种在甽中，在其生长过程中不断将垄上的土推入甽内苗根上。最终，垄上的土全部被推回沟内。次年，则

《氾胜之书》 西汉晚期农学著作，作者氾胜之是西汉末期的著名农学家。是我国最早的一部农书。是《氾胜之书》《齐民要术》《农书》和《农政全书》四大农书之一。总结了我国古代黄河流域劳动人民的农业生产经验，对促进我国农业生产的发展深远影响。

赵过 汉武帝时人，农学家。为我国早期农业生产作出了巨大贡献。因为他的农业改进，使许多的农民一定程度上减轻了负担。

■ 牛耕壁画

楼车 也叫"楼车""楼犁""耩子"。一种畜力条播机。西汉赵过作楼,已有2000多年历史。由楼架、楼斗、楼腿、楼铲等构成。有一腿楼至七腿楼多种,以两腿楼播种较均匀。可播大麦、小麦、大豆、高粱等。

在原来畖之间的土地上开挖新的畖。

赵过还改进了农具三脚楼车,来适应这一新耕种方式的需要,并在政府公田上进行了实验。他推广的牛耕为"耦犁",即"二牛三人,操作时,二牛挽一犁,二人牵牛,一人扶犁而耕"。

二牛三人耕作法反映了牛耕初期时的情形。在公田上实验后,结果其产量要远远高于在不做畖的农田内采用撒播的老办法。

《氾胜之书》提到的区种法,在代田法的基础上进一步精细化了。

代田法与区种法都是旱地农作技术。《氾胜之书》提到的14种作物中只有稻是水田作物。他论述了水稻的种植技术,其中一个重要特征,就是通过控制水流进入稻田的方式,来保持稻田中水深与水温的均匀。通过运用简单有效的设置，农民创造了最适宜水稻生长的环境。

水稻的育秧移栽措施，也是汉代农作技术之一。先在秧田内培育秧苗，再将之移植到稻田中，其长处是明显的：当其他作物还在农田内尚未成熟时，水稻的种子已经开始在秧田内发芽了。

西汉时期的楼车

《氾胜之书》对选种与储种有过简单的论述。强壮、高大、高产的单穗往往被选作来年的种子。为使种子免于受热与受潮，对种子的储藏必须非常仔细。首先要让种子干透，然后放入竹制或陶制的容器中，再加入防虫效果好的草药。到来年播种时，下种之前一般采用溲种法进行处理。

《氾胜之书》中就记载了溲种法。当时有两种溲种法：一种是后稷法，另一种是神农法。

两种溲种法，虽然在做法上有些不同，但原理都是一样的。这就

汉代农忙场景浮雕

汉代连击水碓模型

是在种子外面包上一层以蚕粪、羊粪为主要原料，并附加药物的粪壳，这种方法现代称之为"种子包衣技术"。

汉代农民使用的农具主要是铁制与木制的，例如耒，实际上是很原始的农具。耒耜类农具在《说文解字》中位列木农具之首，每一种都有非常独特的功能。《说文解字》还罗列了各种木农具，包括各种用于锄、犁、耙、收割、脱粒等的农具。

汉代的铁农具有锹、鹤嘴锄、犁、双齿锄、园艺锄、镰刀与长柄镰刀等。铁锹至少有4种类型，每种都有特定的名称。

犁的演变说明了农具的变化是由它的特殊功能决定的。犁的原型仅仅是一种较大的耒。当耒有了能穿透土壤的切割刃时，它实际上就变成犁了。尖刃会逐渐发展成更为有效的犁铧。后脊最终发展成为犁板，也有助于翻起土壤。

汉代劳作场景雕刻

到这时犁就会太大，人拉不动，需要使用牛或马了。但是完全木制的犁适应不了牲畜的拉力，于是导致了一次重大改进，就是在犁铧上加上一个铁铧刃。

汉犁的形制并不完全一致。有些犁非常小，似乎不可能是用畜力牵引的。大型犁在翻耕新农田时非常有用。中型犁要轻便一些，两个人就能拉动，符合对赵过推广代田法时所提倡的那些轻便农具的描述。

■ 庑殿式绿釉陶仓

汉朝推广了犁的使用，尤其是在边远地区，地方官员都鼓励百姓采用牛耕。当时实行专营的铁官由于职司所在，可能的确曾经将制造铁犁视为完成其额定任务的捷径，而朝廷对犁的制造与出售，又可能推动了它的使用。

汉高祖刘邦在立国之初，就非常想实现一个天下人人耕作有其田和没有奴隶制度的理想社会。所以，他刚刚当上皇帝，且在天下尚未平定的时候，就急切地下了一道诏令，要求解放奴婢，给予这些昔日的奴隶们以庶民身份，也就是自由民身份。同时，他要求国家授田于所有从军人员，甚至包括那些昔日的秦官旧兵将们，希望天下能够人人耕作有其田。

为了稳定天下，汉高祖在土地制度上的第一项措

铁官 秦汉时期管理铁的冶铸事业的机构。我国古代官职与机构往往同名，铁官一词有时也指官职。汉武帝时，以东郭咸阳、孔仅为大农丞、领盐铁事，专营盐铁，禁止私营。于产铁之处悉置铁官，均隶属于大农。主铸造铁器，不产铁的地方，亦置小铁官，隶郡县。

■ 汉代弋射收获画像砖

萧何（前257—前193年），江苏丰县人，辅佐刘邦建立汉朝。建国后采撷秦六法，重新制定律令制度，作为《九章律》。又协助高祖消灭韩信、英布等异姓诸侯王。汉高祖刘邦死后，他又辅佐惠帝。谥号"文终侯"。

施就是实行封建官田制和授田官田制。

官田也叫公田，是封建国家所有的土地。这种土地包括朝廷用来赏赐或赠与宗室、勋戚、功臣、百官的土地，以及宫殿、宗庙、官府、陵墓、苑囿、牧场、围场、籍田等占用的土地。

西汉朝廷将国有土地分封给公侯贵族的主要对象，主要是这样的几种人：一是同姓王侯们，这些人占据的土地份额往往很大，小则一个县，大则几个郡，就像吴王刘濞的那样，他甚至可以在自己封国内开辟矿山铸造钱币去套取其他郡县的资金；二是朝廷大臣侯爵们，就像萧何这样的一大批封侯之人，一般都是国家有功人员，或者是朝廷的重臣。

皇亲国戚和官僚地主们的土地一般都采取租赁给佃户耕作的方式，佃户给这些封地的主人缴纳地租。这些封地的主人，就是这些佃户农民的首领。

对于国有土地，汉高祖也采取了相应的措施。

西汉时期存在着大量的国有土地和资产。因为按照当时的规定，凡是国家规定的田产之外的所有国家土地和河川山谷，都是国家所有。再加之军垦土地、抛荒和没收那些罪犯的土地和资产，所以，西汉时期也有大量的国有土地和资产存在。

屯田土地制度，无论是在西汉还是在东汉，朝廷为了战争的需要，都在中原内地实行过"屯田"。这些屯田所产的粮食，主要是为了供应军队的军粮。

在自耕农土地制度方面，国家采取统一分配土地的做法。

自耕农是西汉开国初期已经获得完全自由民身份和自己具有相当田产所有权的农民，他们的土地，是西汉初期由国家统一分配给的。不同时期，国家分配土地的数量不等。汉文帝时期，自耕农的土地大约在

> 刘濞（前215—前154年），刘邦侄，沛郡丰邑人，今属徐州丰县，西汉诸侯王，封吴王。他在封国内扩张势力，后来汉景帝采用御史大夫晁错建议，削夺王国封地，刘濞联合楚、赵等七国公开叛乱，史称"七国之乱"，后兵败被杀。

■汉代陪葬陶羊圈

新莽 也叫"新朝",是我国历史上很短命的王朝。开国皇帝王莽,西汉元帝王皇后侄子。西汉后期,王莽逐渐把持朝政。公元9年,王莽自立为帝,国号"新",年号为"始建国",公元14年改元"天凤",公元20年又改元"地皇"。王莽后被赤眉绿林军所杀,新朝灭亡。

人均60亩左右,到了汉平帝时期,也就是西汉后期,自耕农的土地就已经下降到人均13亩左右了。

西汉时期,只有自耕农的土地才算是真正的私有制田产。而区别于私有制田产的根本标志,就是自耕农可以根据自己的从业需要和职业变换,可以自由买卖土地,土地是这些自耕农的个人资产。

西汉王朝是一个奴隶解放的重要时期,汉高祖刚刚登基皇帝,他就下达诏令解放奴隶,不许可转卖奴隶。所以,自耕农土地制一直持续到新莽政权时代,都是严格执行的。

西汉后期,由于豪强仗势欺人地霸占和侵吞土地的情况越来越严重,自由民身份的自耕农大量破产,国家的安全就成问题了。所以,汉哀帝时期的大司空

■ 汉代牛耕石刻

何武、丞相孔光和师丹三人，提出了我国历史上首次由国家推行的土地改革运动。

这次土地改革运动，是通过行政命令，限制官吏、王侯和平民各自的田产以及家中奴仆的数量。但这项法令基本上是一纸空文，当时无法落实。

汉代彩绘房形仓

一直到了新莽时期，王莽通过强大的军政方法才最终实行了这项土改法令。但是3年之后，王莽的这次土改运动就失败了。

综上所述可以发现，汉代土地制度的全面私有化，无疑是将国家的权利和义务下放到每个国民身上的措施，这是社会进步的标志。

阅读链接

汉武帝刚刚登上皇帝宝座时，为了发展农业生产，采取了很多行之有效的措施。

首先是大力兴修水利工程。他在位时修建了漕渠、白渠、龙首渠等多条灌溉渠，还在秦朝开成的郑国渠旁边开了6条辅渠，灌溉高地。

公元前109年，汉武帝征发数万士兵堵住了黄河决口。经过这次治理，黄河下游大约有80年没有闹过大水灾。汉武帝还大力推行屯围、屯垦等发展农业的重大措施。他还大力推行赵过的代田法和新农具等，大大促进了农业的发展。

三国两晋南北朝时的农业

三国两晋南北朝时期，农业的发展呈现出南北不同的特点。北方由于战乱频仍，农业生产经历了由破坏到复苏的迂回曲折的发展道路，使其原来居于农业生产中心的地位有所下降。

南方由于处于相对安定的局面，并因为北方的动乱，加之人口的大量南迁和先进生产技术的输入等，从而为农业发展提供了有利条件。

这一时期农业生产取得了长足的进展，其重要性日益上升，它为日后经济重心的南移创造了条件。

■ 曹操画像

■ 三国时期的农耕彩绘

三国两晋南北朝时期，北方旱作区种植业以生产粟、麦为主。为解决春种粟时遇春旱，秋播麦时缺墒这一突出问题，农民们在前人土壤耕作技术的基础上，改进了耕犁，发明了耢和耙等整地工具，并创制了一整套的土壤耕作技术。

这套耕作技术的要点：首先是要耕好地，在犁细的基础上进行耙、耢。

据《齐民要术·耕田第一》记载，当时耕地已颇为讲究，以操作时期分有春耕、夏耕和秋耕；以操作程序先后分有初耕和转耕，即第二遍耕；以耕翻深度分有深耕和浅耕；以操作过程的方向分有纵耕、横耕和顺耕、逆耕等。此外，对耕地的时宜、深浅度书中也有记述。

其次是要多次耢地。《齐民要术·耕田第一》特别强调"犁欲廉，劳欲再"。"廉"，就是犁条要窄小，地才能耕得透而细；在此基础上"劳欲再"，将耕后的大土块耙小，耢则使小土块变成细末。多次耙耢，能使土壤细熟，上虚下实，有利于保墒防旱。耙

缺墒 我国农业术语，指土壤缺乏水分，无法满足植物生长中所需要的水分。旱地缺墒为播种的耕地20厘米耕作层土壤相对湿度低于60%，严重缺墒为湿度低于40%。

齐民要术 是北魏时期，我国杰出农学家贾思勰所著的一部综合性农书，也是世界农学史上最早的专著之一。是我国现存的最完整的农书。系统地总结了6世纪以前黄河中下游地区农牧业生产经验等，对中国古代农学的发展产生有重大影响。

耩进行的时间则以"燥湿得所"为好。

我国古代北方旱作地区的历代农民,就是利用这套保墒防旱技术,使广大灌溉条件较差,或没有灌溉的地区,在一定程度上解除了春季风旱和秋季缺墒的威胁。

古代农书《齐民要术》

由于社会经济的发展,需要多种多收,以及农作物种类的变化,因此形成了多样化的农作制度。

《齐民要术》中记载的农作物有几十种之多。粮食作物有谷、黍、粱、秫、大豆、小豆、大麦、小麦、瞿麦、水稻、旱稻。

此外,还有纤维作物、饲料作物、染料作物、油料作物等。种类繁多的作物,为进一步发展轮作复种制提供了有利条件。

当时黄河中下游的两年三熟制作物有:粮、小豆、瓜、麻、黍、胡麻、芜菁、大豆。江南地区则发展了一年两熟制,作物主要是双季稻。南方在水热条件特别好的地区甚至出现了三熟制。

我国的间、混、套作技术始于公元前1世纪,经过500年的发展,到后魏已初具模式。《齐民要术》中记载了多种间混作方式:林、粮间作有桑苗下"种绿豆、小豆""绕树散芜菁子";蔬菜间作有"葱中亦种胡荽"等。

贾思勰雕像

《齐民要术》的记载还反映出人们已深刻认识到间、混、套作中作物与作物、作物与环境之间的关系,并采取了正确的选配作物组合和田间配置方式。

种植绿肥是以田养田的一种有效措施。这时已是有意识的栽培绿肥。后魏时期,北方已广泛利用栽培绿肥以培养地力,《齐民要术》中记载的绿肥作物有绿豆、小豆、芝麻之类。并说利用绿肥和施肥有一样功效而省施肥之功力。对各种绿肥作物的肥效还进行了评价和比较。

三国两晋南北朝时期,人们认识到选种和良种繁育是作物增产和提高品质的重要因素,把选种、留种、建立"种子田"、进行良种繁育、精细管理、单种单收、防杂保纯结合在一起,形成一整套措施,奠定了我国传统的选种和良种繁育技术基础。

这一时期涌现大量农作物新品种,特别是谷类作物的品种大大增加。《齐民要术》记载的粟品种就已

> **后魏**(386年—534年),我国南北朝时代北方第一个王朝。又称拓跋魏、元魏等。鲜卑族拓跋氏建立,建都平城,今属山西省大同市。493年起迁都洛阳,皇帝改姓元。公元439年,统一北方。公元534年,分裂为东魏与西魏。后魏对民族的融合起了很大的促进作用。

■ 贾思勰劳作画像

贾思勰塑像

有86个，水稻品种24个。南方栽培稻除有籼稻和秫稻之别外，还有两熟稻、再生稻等品种。

播种质量比以前提高了，人们已掌握种子好坏的测定、选种、晒种、催芽等技术。《齐民要术》中记载的方法都是简易而又快速的测定法。用清水净淘种子，强调曝晒种子以及浸种催芽也被视为种子处理的重要环节。

为做到适时播种、争取增产，《齐民要术》已总结出了一些重要作物的播种期，把谷子、大豆、小豆、麻子、大麦、小麦、水稻、旱稻等许多作物的播种期分为"上时""中时"和"下时"。

"上时"，为播种最适宜的时期。并指出要根据物候现象、土壤肥力和墒情等条件确定播种期；提出了种谷早晚要搭配、一般宜于适当早种，以及闰年应迟种等原则。

这一时期的田间管理，已经认识到了做好中耕除草工作有利于保墒防旱和熟化土壤，提高产量和产品质量。因而操作上比以前更精细，提出多锄、锄小、锄早、锄了的要求。

三国两晋南北朝时期，果树和蔬菜的栽培技术有了发展与提高。

果树种类和品种增多，北方除枣、桃、李、梅、杏等"五果"外，还有柿、梨、栗等。南方果树，《齐民要术》卷十辑录的有几十种。果树品种培育也很早就受到重视。嫁接技术这时有显著发展。果树的防寒防冻已有裹缚、熏烟、埋蔓等方法。

蔬菜种类比秦、汉时期增多，据《齐民要术》记载，有葵、菘、葱、韭、蒜、蔓菁、芦菔、芸苔、各种瓜类30多种。

栽培技术提高的主要表现，首先是土地利用率提高，一年之内可多次收获。其次，在菜园地的选择、整地作畦、匀播种子、施肥灌溉以及贮藏等方面的技术也比以前有所提高。

三国两晋南北朝时期，黄河流域蚕桑生产在全国仍占较重要地位，江南地区有显著的发展。蚕桑文化的普及蚕桑技术提高的表现是桑树繁殖较普遍地采用压条法。

压条方法是当年正月、二月压条，第二年正月中截取移栽。再就是人们对蚕的化性、眠性有了确切的认识。比如蚕有一化、二化，三眠、四眠之分，南方还有八化的多化性种，此系利用低温控制产生不滞卵，从而达到一年中分批多次养蚕的目的。这是我国古代养蚕技

蚕桑文化 我国文明的起点，是国人的骄傲，至少已有4000年的历史。综观我国的丝绸发展史，蚕桑文化甚至可以覆盖黄河流域、长江流域、乃至全国。流传地区、人群之广足以成为"最具中国特色的文化形态"。

■ 贾思勰雕塑

术取得的一大进展。

关于三国两晋南北朝时期的土地制度，由于这一时期长期处于分裂状态，各地情况差异很大。三国时期的土地制度有三大特点：一是官田和公田扩大，二是民田和私田并存，三是种植类型各不相同。

三国时期，战乱频仍，人民流离失所，无主土地大量增加，这些无主土地都成了公田。因而呈现出官田和公田的扩大的特点。

■ 晋武帝司马炎（236年—290年），字安世。河内温，今河南省温县人。晋朝开国君主，谥号"武皇帝"。在位期间，采取一系列经济措施以发展生产。太康元年，颁行户调式，包括占田制、户调制和品官占田荫客制。屡次责令郡县官劝课农桑，并严禁私募佃客，并废屯田制。出现一片繁荣景象，史称"太康之治"。

民田和私田并存，一方面表现为大地主享有政治经济特权，占有大量土地；中小地主也占有众多的土地。另一方面，小土地所有者与汉代的情况也相似。

在农业经营类型上，有地主和大小豪强的庄园经营，也有自耕农的小农经营，还有无地或少地农民的租佃经营。

两晋的封建土地制度，仍然和汉代大体相同，但是，它的私有形态发生了较大的变化，这就是门阀大土地所有制的形成和发展。

早在东汉末年，士族门第已逐渐在社会上形成一股势力，由于两晋封建官府从无士籍地主的士人中选拔官吏，他们踏上仕途后，在政治上是当权派，在经济上是大地主或地主兼工商业。他们互相传引，世代承袭，形成豪宗、大族门第、阀阅等强大的政治经济势力。

晋武帝司马炎于280年统一后，就下令实行"占田"和"课田"制度。这个制度包括的主要内容：

一是对王公、贵族、官僚、世族地主等，规定他们占有土地的面积、佃客户数、荫庇免役的亲属与奴仆人数。

二是对王公官吏占田数额，按品位高低规定了不同的限额。从一品官占田50顷至九品10顷，中间以5顷为差。

三是规定各级官吏应有食客及佃客数目。也对一般农民规定了他们占有土地的面积、课田面积、课田租额与征课户调的数额。

西晋实行的这种占田与课田制度，不是国有土地基础上的授田，而只是在法律上规定和承认私人占有土地的最高限额，以及按照土地亩数缴税的数额。

至于这个土地占有限额能否达到，国家并不给予

> **门阀** 门第和阀阅的合称，指世代为官的名门望族，又称门第、衣冠、世族等。门阀制度是我国历史上从两汉到隋唐最为显著的选拔官员的系统，其影响造成国家重要的官职被少数姓氏家族所垄断。后为科举制度所取代。

■ 魏晋时的陶羊圈

■ 魏晋农事彩绘

保证，只是要求规定的课税田亩能够耕种，能按照课田亩数纳税就行了。

西晋的占田与课田制度，对于安定社会秩序，促进农业生产有重要作用。

北朝的土地制度是均田制。北魏孝文帝于485年发布"均田令"，开始实行均田制度。其后，北齐、北周也都沿袭均田制度。"均田制"就是封建王朝对国有土地也就是官田行按农户人口"计口授田"的制度，是封建官府创造的自耕农的土地所有制度。

据《魏书·食货志》记载，均田制的土地分配标准有以下几种：

一是露田，即种植作物的土地。凡年满15岁的男子，受露田40亩；年满15岁的女人，受露田20亩；奴婢也可受同样的露田，不受人数的限制，有多少奴婢，受多少露田；农民有牛一头，也可分得30亩土地，但以4头牛为限。

这个土地分配数额，是指不易田，即每年都可耕

> **北魏孝文帝**（467年—499年），拓跋宏，后改为元宏。北魏王朝的第六位皇帝，杰出的政治家、改革家。亲政后，推行改革：迁都洛阳，鼓励鲜卑和汉族通婚；参照南朝典章制度等。孝文帝的改革，对各族人民的融合和各族的发展，起了积极作用。

种的田。如因土质较差，需要休耕的，可以加倍受田。露田只能种植作物，不得另作他用，农民只有使用权，没有所有权。

二是桑田，即已经种植或允许种植桑、榆、枣等果木的土地。男子初受田时可领种桑田20亩；奴婢也可领得同样面积的桑田。

魏晋时期的陶猪

桑田上必须种桑树50株、枣树5株、榆树3株，限3年内种毕，否则，未种的土地即由国家收回。在规定的株数外，多种者不加限制。如果当地不适于种桑，那么，只给男子桑田一亩，种上几株枣、榆之类即可。

三是麻田。在宜麻的地方，男子可领种麻田10亩，女子5亩，奴婢也可领种同样面积的麻田。

四是宅地。每户有3人的，给宅地一亩，奴婢每5人给一亩，以为

魏晋时期的农耕彩绘

■魏晋时期的陶鸡

居室之用。宅地周围的土地，可作为园圃，种植桑、榆以及果树等。宅地归私人所有。

在北魏的均田制度中，还有土地还受的规定。露田和麻田，不得买卖转让，凡年龄合格者即受田，老迈及身殁者即还田。奴婢及耕牛受的田，则随奴婢及耕牛的丧失而还田。土地的还受，以每年正月的户口为基础，若受田后死亡，以及奴婢、耕牛转移，都要等到来年正月办理还受手续。

北魏实行的均田制对世族豪门地主兼并土地虽有限制作用，但它并不触动他们的既得利益，反而为增进其利益服务。如奴婢、耕牛等都受田，就对地主有利。均田制对地方官吏也规定了授给公田，但这种田并非私有，在官吏离职时，要将它转交给后任。

阅读链接

孝文帝从小就由汉人冯太后抚养，自幼深受儒家思想的熏陶，更加倾向于汉化改革。

他在统一北方后，鉴于各少数民族与汉族生产方式上的差距，为了改变这种落后的制度，吸纳接受汉人先进的文明，孝文帝在冯太后的辅佐下，进行了改革，史称"孝文帝改革"。

这场改革涉及当时的各个领域。在农业方面，孝文帝认真地借鉴了中原地区的土地制度，颁布了均田制，对租调制度也进行了相应的改革。这对我国古代各族人民的融合和发展，起到了积极的作用。

隋代农业的发展与均田制

隋朝统一天下，为社会经济文化的发展又开辟出一个新的历史时期。在隋代，农业人口大幅度增加，农田面积空前扩大，水利设施得到修复和新的开凿，粮食单产量居世界前列，官仓和义仓遍及全国各地，土地制度方面执行计丁授田政策。

长期积累的播种、施肥、灌溉等农业生产经验得到了广泛的推广，使隋代的农业生产又上了一个新的台阶。

■ 隋文帝画像

游牧民族 指以游牧为主要生活方式的民族，如我国古代的匈奴和女真等。他们终年随水草转移进行游动放牧的一种粗放的草原畜牧业经营方式。牧民长期无固定住所，过着逐水草而居的生活，生产设备相当简陋，经营非常粗放，基本处于靠天养草和靠天养畜的落后状态。

南北朝时，北方游牧民族与中原农业民族经过文化整合或汉化，到隋代时形成胡汉融合文化，形成了以汉族为主体的各民族融合而成的新汉族，户口数量空前庞大。

隋代以前的户口数极少，由于魏晋南北朝时期战乱相连，实际户口耗损剧烈。到隋代时期，户口数开始剧烈成长，主要是因为课税轻，徭役少，加上世族政治与庄园经济的式微，人民愿意脱离世族的荫庇自立门户。

585年隋文帝杨坚下令州县官检查户口，自堂兄弟以下亲属必须分立户籍，并且每年统计一次，北方因此多出了164万余口。

609年隋炀帝杨广已经拥有南方，他又一次大检查，新附户口64万多。据《隋书·地理志》记载，隋代各郡分计数之和为全国有907万多户，大体上恢复了4个世纪以前东汉时期的户口数，而人口数达到4450万人。

隋代人口的增加，一方面是由于朝廷整顿户籍的政策所致，另一方面也实际反映了人口的增加情况。隋代人口的迅

■ 隋炀帝杨广（569年—618年），一名英，小字阿麼。生于长安。隋文帝杨坚、独孤皇后的次子。604年继位。他在位期间，因为滥用民力，造成天下大乱直接导致了隋朝的灭亡，后在江都被部下缢杀。

■ 隋代青釉牛

速增加,也导致了隋代的农业生产在很短的时间内迅速发展起来。

由于隋代人口持续增长,为农业提供了大量劳动力,使垦田面积不断增加。589年耕地面积1940万隋顷,至隋炀帝时期增加到5585万隋顷。每隋亩约折合现在的1.1市亩。耕地面积的扩大,大致可以反映隋代粮食生产广度。

伴随着人口的持续增长和农田的大量开垦,隋代的水利设施得到修复和新的开凿,而且更为广泛和完善。隋炀帝开凿了大运河,大运河带来了灌溉及各种便利。除了大运河之外,隋代大规模地整修河道,从隋文帝杨坚时就开始了。

早在584年,隋朝就引渭水入潼关,长达300余里,命名为广通渠。587年,又沿着春秋时期夫差开凿的运河故道,打通了南起江都,北至江苏淮安的河

庄园经济 三国时期江南孙吴在世族制度下形成的经济形式,当时以佃佣为主的地主在社会上极占势力。汉末战乱,北方农村经济破产,流民逃往江南,从而大力促进了世族庄园经济的发展。

■ 大运河 又称京杭运河，是我国也是世界上最长的古代运河。北起北京，南至杭州，沟通海河、黄河、淮河、长江和钱塘江五大水系，全长1794千米。京杭大运河作为南北的交通大动脉，历史上曾起过"半天下之财赋，悉由此路而进"的巨大作用。

道，命名为山阳渎。

仅这两项大规模的水利工程，就在当时灌溉良田万亩，因旱灾而闹荒数年的关中平原成为肥沃乐土，江南至北方的运河航线也因此疏通。

此外，隋朝在山西蒲州和安徽寿州也修建了大规模水利工程，并整治盐碱荒田，这些北周和南陈时期的饥荒"重灾区"，皆因此变成土地肥沃的乐土。隋代农业之发达，正建基于大规模的水利建设。

隋朝致力于赋役对象与耕地面积的扩大，使国家有可能从民间征得更多的实物。当时有大量谷物和绢帛从诸州输送到西京长安和东京洛阳。在粮食充足情

■ 隋代陶制家畜

况下,为了储存粮食以防治荒灾,隋文帝在全国各州设置义仓与官仓。义仓防小灾,官仓防大灾。

为了保证关中地区粮食稳定,隋代在长安、洛阳、洛口、华州和陕州等地建筑了许多大粮仓,在长安、并州储藏大量布料。

为便于征集物的集中和搬运,隋代沿着漕运水道设置了广通、常平、河阳、黎阳、含嘉、洛口、回洛等诸仓。

长孙平 字处均,河南洛阳人。隋代官员。任度支尚书,转工部尚书。历汴、许、贝三州刺史,转相州刺史,大将军,拜太常卿,判吏部尚书事。

■ 隋代茶具

士人 我国古代文人的统称，他们学习知识，传播文化，政治上尊王，学术上循道周旋于道与王之间。他们是国家政治的参与者，又是我国传统文化的创造者、传承者。

585年，隋文帝采纳长孙平建议，令诸州以民间的传统组织"社"为单位，劝募社中成员捐助谷物，设置义仓，以备水旱赈济，由社的人负责管理。由于这是社办的仓，所以又称为"社仓"。

595年和596年，隋文帝命令西北诸州将义仓改归州或县管理。劝募的形式也改为按户等定额征税：上户不过一石，中户不过7斗，下户不过4斗。其他诸州的义仓大概以后也照此办理。义仓于是成为国家可随意支用的官仓。

经过多年搜括蓄积，西京太仓、东京含嘉仓和诸转运仓所储谷物，多者曾至千万石，少者也有几百万石，各地义仓无不充盈。两京、太原国库存储的绢帛各有数千万匹。隋代仓库的富实是历史上仅见的。反映了户口增长与社会物质生产的上升。

农业生产的基本生产资料是土地。502年，隋文帝颁布均田法。隋代的均田制度，是计丁授田的制度。

按照规定：男女3岁以下为黄；10岁以下为小；17岁以下为中；18岁以上为丁。丁受田、纳课、服役。60为老，免役。

均田法沿用北齐之制：普通农民一夫受露田80亩，一妇受田40亩，奴婢受田与良人同。丁牛一头受田60

■ 隋代官吏陶俑

亩，以4牛为限。又每丁给永业田20亩，为桑田，种桑50棵，榆3棵，枣5棵。不宜桑的土人，给麻田种麻。桑麻田不需还受，露田则要按规定还受。其田宅，率3口给一亩，奴婢则5口一亩。

自诸王以下至于都督，皆给永业田。多者至100顷，少者30顷。京官给职分田，一品者给田5顷，每品以50亩为差，至五品则为田3顷，其下每品以50亩为差，至九品为一顷。外官亦各有职分田，又给公廨田。

■《隋书》有关土地制度的记载

这一土地制度，使农民占有的耕地有了法律上的保障，提高了农民的生产积极性。

阅读链接

隋文帝杨坚一贯体恤民艰，生活节俭。有一年关中大旱，隋文帝派人去视察民情。

出去的人从百姓那里带回了些豆屑和糠，隋文帝见后泪流满面，他对大臣们说："百姓遇到饥荒，这是我没有德行啊！今后我不再吃肉、喝酒了。"

他命人撤销了御宴，果然一年内酒肉不沾。皇宫内所用衣物，多是补了又补，直到不能用为止。太子杨勇，三子杨俊都因生活奢侈而被免去官职，甚至太子的地位也被废黜。

有一次他要配止痢药，在宫中竟找不到一两胡椒粉。

唐代的农业技术及均田制度

大唐盛世,社会安定,百姓安居乐业,生产力水平有了很大提高,封建经济呈现出高度繁荣的局面。这时期,农业生产技术也取得了长足的发展。

唐代出现了有利于灌溉的水力筒车、牛挽高转筒车和便于耕作的曲辕犁,还注重兴修水利,扩大耕地和能够灌溉的水田,提高粮食亩产量。

唐代继续实行隋代的均田制,且比隋代进一步完善。

■唐太宗李世民

在我国古代，人口增长一直是国家兴旺发达的重要指标。唐王朝所控制的户口在唐玄宗时已经达到906万户，5280万人口。这样的人口数量，对当时农业生产各个方面的发展，具有非常重大的意义。

唐代的各种水车广泛用于农田灌溉，是当时农业生产发展的一个重要因素。其中有一种唐代人创制的新的灌溉工具——筒车，又叫水转筒车，随水流而自行转动，竹筒把水由低处汲到高处，功效比翻车大。其种类有手转、足踏、牛拉等。

筒车是用竹或木制成一个大型立轮，由一个横轴架起，可以自由转动。轮的周围斜装上许多小竹筒或小木筒，把这个转轮安置在溪流上，使它下面一部分浸入水中，受水流之冲击，自行旋转不已。轮周斜挂的小筒，当没入水中时满盛溪水，随轮旋转上升。

由于筒口上斜，筒内水不流洒，当立轮旋转180度时，小筒已平躺在立轮的最高处，进而筒口呈下倾位置，盛水即由高处泄入淌水槽，流入岸上农田。

这种自转不息终夜有声的筒车，对解决岸高水低，水流湍急地区的灌溉有着重大意义。它一昼夜可灌田百亩以上，功效很大，确实是人无灌溉之劳而田有常熟之利。

除了筒车外，唐代的曲辕犁是继汉代犁耕发展之

■ 唐玄宗李隆基（685年—762年），唐代的中兴君主，亦称唐明皇。他英武有才略，开元时期文治武功鼎盛，世称"开元之治"。在位后期宠爱杨贵妃，怠慢朝政，宠信奸臣李林甫、杨国忠等，加上政策失误和重用安禄山等佞臣，导致了后来长达八年的安史之乱，为唐朝中衰埋下伏笔。756年李亨即位，尊其为太上皇。762年病逝。后世尊其为伶人之祖师爷。死后庙号玄宗。

■ 古代农耕场景

后又一次新突破。

唐代以前的犁都是笨重的直辕犁，回转困难，耕地费力。西汉出现的"二牛抬杠"式的耕犁，尤其是西汉中期又大规模地提倡和推广牛耕，成为我国犁耕发展史上一个重要的时期。

唐代农民在长期生产实践中创造出一种轻便的曲辕犁，犁架小，便于回转，操作灵活，既便于深耕，也节省了畜力。这种犁出现后逐渐得到推广，成为最先进的耕具。我国古代的耕犁至此基本定型，这是唐代劳动人民对耕犁的重大改进。

关于曲辕犁形制，晚唐人陆龟蒙在所著《耒耜经》中作了详细的记载：曲辕犁是由铁质犁镵、犁壁和木质犁底、压镵、策额、犁箭、犁辕、犁梢、犁评、犁建和犁盘11个部件构成的。其中除犁镵、犁壁外，均为木制。全长6尺。

陆龟蒙 字鲁望，别号天随子、江湖散人、甫里先生，江苏吴县人。曾任湖州、苏州刺史幕僚，编著有《甫里先生文集》等。他的小品文主要收在《笠泽丛书》中，现实针对性强，议论也颇精切。陆龟蒙与皮日休交友，世称"皮陆"，诗以写景咏物为主。

辕犁的主要特征是变直辕为曲辕，即犁辕的前边大部分向下弯曲。旧式犁长度一般为9尺，前及牛肩；曲辕犁长6尺，只到牛后的犁盘处。

这样犁架变小，重量减轻，使曲辕具有轻便的特点，因而也就节省了畜力，只用一头牛牵引就可以了，这就改变了古老笨重的二牛抬杠的犁耕方式。

它既可以支撑犁辕，使犁平稳，又能在地上滑行，还兼有调节深浅的作用，并能控制耕地的方向。故有"耕地看插头，耙地看牛头"的民谚。这也是曲辕犁的优点之一。

唐代水利工程相当发达，是促进当时农业生产高度发展的重要因素之一。唐代兴修水利工程以"安史之乱"为界，可分为前后两个阶段。前期是北方水利的复兴阶段，以开渠引灌为主。安史之乱后，南方农田水利建设呈现出迅速发展的趋势，如江南西道在短短10多年中就兴修小型农田水利工程600处。

南方的水利工程偏重于排水和灌水，特别是东南地

■ 唐代筒车模型

安史之乱 唐朝的一次叛乱。公元755年，唐朝节度使安禄山和史思明起兵反唐，史称安史之乱，它是唐朝由盛到衰的转折点。

■ 唐代陶碾模型

古代农耕图

区盛行堤、堰、坡、塘等的修建。这些农田水利工程大多分布在太湖流域、鄱阳湖附近和浙东3个地区,其中大部分是灌溉百顷以下的工程,但也有不少可灌溉数千顷至上万顷。

唐代对水利工程的重视还体现在水利管理方面。此时记录编订了有关灌溉管理制度的文献资料,即出现于敦煌千佛洞的唐代写本《敦煌水渠》。

还出现了全国性的水利法规《水部式》,对当时的水利管理有极大的指导作用,体现了当时在水利方面的综合成就。

在唐代,由于国家长期统一,社会比较安定,北方的农业经济有较快的恢复和发展,精耕细作的农田越来越多。不少地区在麦子收获以后,继种禾粟等作物,可以两年三熟。

首先是高产作物水稻的种植面积大大增加,并广泛采取育秧移植

■铁牛

■农耕图"二牛抬杠"

的栽培方法。南方的农业种植技术更有显著进步。当时的江淮地区，已经是大面积移植秧苗。

其次是大量栽培早稻，即六七月可收割的一种早稻。育秧移植和早稻栽种，为在同一土地上复种麦子或其他作物创造了条件，使两年三熟的耕作制逐渐在南方推广，有的地方可一年两熟。

唐时的茶叶产地遍及今四川、云南、贵州、广东、广西、福建、浙江、江苏、江西、安徽、湖北、湖南、陕西等地，茶叶生产已是江南农业的重要部门。

唐代马牧业兴旺发达。农业和畜牧业既相对独立又相互依赖，二者是一个具有互补性的整体。由于马匹在社会生活交通运输和国防军事中的重要地位，使唐王朝高度重视马牧业生产，为此组织和制订了系统完整的马政机构和制度，建立了规模宏大的监牧基地，大力开展对外马匹贸易，采取了鼓励养私马的措施和政策。

为了发展社会马牧业，唐代政府制订了一些鼓励民间私人养马的政策。唐玄宗即位后，在积极发展国家监牧养马的同时，也重视发展私人养马，并革除一些妨碍私人养马的弊政，实行按资产多少，把户

古代农具

■ 水车舂米图

分为3等，不久改为9等，按户等交税办法。

这些措施减轻了养私马户的经济负担，调动了农民养马积极性，促进了唐代马牧业的发展。

唐代空前繁荣的社会经济为私人养马业的发展提供了坚实的物质基础。《唐六典》太仆寺记载了官马每天的饲料数量：闲马每匹草一围，粟一斗，盐六勺。监牧马春冬季节每匹马草一围，粟一斗，盐二合。如果没有发达繁荣的社会经济，要进行这样精致的饲料搭配是不可能的。

唐代贵族官僚饲养大量私马，设置私人牧场。唐代前期实行府兵制，农民普遍要服兵役，唐代规定，府兵被征点服役，所需戎器均须自备。因此，唐代农民也普遍养私马。

马匹的增加是唐代马牧业的一大景观。唐代农田

府兵制 我国古代兵制之一。该制度最重要的特点是兵农合一。府兵平时为耕种土地的农民，农隙训练，战时从军打仗。府兵参战武器和马匹自备，全国都有负责府兵选拔训练的折冲府。由西魏权臣宇文泰建，至唐太宗时期达到鼎盛。

■ 唐代曲辕犁

中有很大一部分是马拉犁在耕作,耕马的身影随处可见。唐德宗时,仅在关辅地区一次就市马3万余匹。由此可见,唐代私人养马业是何等的兴旺发达。

唐代继隋代实行均田制,且较隋代完备。唐高祖李渊于624年颁布的均田制,规定了一般农民受田和王公官吏受田的具体事宜,进一步明确了封建土地所有制的性质。

一般农民受田规定,凡年满18岁以上的男女,受田一顷,其中80亩为口分田,20亩为永业田。老及废疾笃疾者,各受口分田40亩,寡妻妾各受盼田30亩。

口分田一般是种植谷物的土地。农民到了有耕作能力时受田,年老体衰时还给国家一半,死后则全部还给国家,不得买卖或作其他处理。从这点来看,口分田是国家所有制性质,受田者只有使用权而无所有权。但是,自狭乡处徙往宽乡者,可以卖其口分田。

永业田一般不归还国家,是有世袭权的土地,

唐德宗(742年—805年),李适,唐朝第九位皇帝。在位前期,坚持信用文武百官,严禁宦官干政,颇有一番中兴气象。在执政后期,德宗委任宦官为禁军统帅,在全国范围内增税,导致民怨日深。

有明显的私有性质。永业田虽然为私人所有，但这种私有权是不完整的，国家还有权变动。

王公官吏受田的名目繁多，数量也大，包括永业田、职分田和公廨田三种。

永业田是有爵位、勋位和官职的人拥有的田地。自诸王以下，至于都督或散官五品以上，按等级分授永业田，子孙世袭，皆免课役。

据《唐六典》记载：亲王100顷；正一品60顷，从一品50顷；正二品40顷，从二品35顷；正三品25顷，从三品20顷；正四品15顷，从四品11顷；正五品8顷，从五品5顷。

职分田即职田，官员离职时，要移交后任。

京官职田的数量是：一品12顷，二品10顷，三品9顷，四品7顷，五品6顷，六品4顷，七品3顷又50亩，八品2顷又50亩，九品2顷。外官职田的数量是：诸州都督、都、亲王府官二品12顷，三品10顷，四品8顷，五品7顷，六品5顷，七品4顷，八品3顷，九品2顷又50亩等。

公廨田是用作京内外各官署外公费用而设置的。

■农耕"二牛抬杠"图

唐代红陶牛

京官各司公廨田的数量是：司农寺22顷，殿中省25顷，少府监22顷，太常寺20顷，京兆府、河南省各17顷，太府寺16顷，吏部、户部各15顷，兵部、内侍省各14顷，中书省、将作监各13顷，刑部、大理寺各12顷，尚书都省、门下省、太子左春坊各11顷，工部10顷，光禄寺、太仆寺、秘书监各9顷。

外官各寺公廨田的数量是：大都督府40顷，中都督府35顷，下都督护府、上州各30顷，中州20顷，宫总监、下州各15顷，上县10顷，中县8顷，下县6顷。

唐代实行均田制以后，随着商业经济的发展，大批农民在丧失了土地之后，不得不做王公、贵族、豪强、地主的佃户。随着土地兼并之风的加剧，使得分配给农民的土地愈来愈少，终于导致均田制解体。

阅读链接

唐玄宗为了增加国家的收入，打击强占土地、隐瞒不报的豪强，发动了一场检田括户运动。

他任命宇文融为全国的覆田劝农使，下设十道劝农使和劝农判官，分派到各地去检查隐瞒的土地和包庇的农户。然后把检查出来的土地一律没收，同时把这些土地分给农民耕种。对于隐瞒的农户也进行登记。

通过这些有效的措施，唐玄宗使唐朝的经济又步入正轨，减轻了农民的负担，同时也增加了国家的财政收入，促进了国家经济的繁荣。

近古时期 佃农风行

从五代十国至元代是我国历史上的近古时期。这一时期的农业特点，是以生产为中心，带动农艺及各种农产品加工技术水平不断提高，并不断提高生产的效率。

这一时期农业的主流仍然是传统的精耕细作，但各地区各民族发展不均衡，呈现出以种植为主的农区与以游牧为主的牧区同时并存、农林牧副渔商诸业共同发展的态势。

而各王朝旨在发展生产的土地制度，在一定程度上推动了我国近古时期农业和经济的发展。

五代十国时的农业经济

五代十国时期处于唐宋过渡之际，这一时期社会经济领域发生了许多变化，其中农业方面就出现了经济作物。农业经济是改善农村生存环境的第一要项，也是整个国家经济的重要组成部分。

这一时期农业经济的主要表现，就是以水稻种植为主，桑柘、茶树等多种经营为辅的生产经营模式。

这一模式的成熟，标志着我国农业经济重心南移新格局的形成，以此为基础的经济模式逐渐显示出新的活力。

■梁太祖朱温

■ 后周太祖郭威（904年—954年），字文仲，小名"郭雀儿"。邢州尧山人，今属河北邢台。五代后周的建立者。在位期间，改革了一些弊政，使北方地区的经济，政治形势渐渐趋向好转。郭威在五代十国时期，是一个清廉勤政的好皇帝。

唐朝后期至五代十国时期，中原地区的经济因为长期的战乱，使生产遭到极大破坏。虽然五代战乱不堪，但仍有不少君王提振经济。

后梁太祖朱温称帝后重视农业，他任张全义为河南尹，以恢复河南地区的生产。908年又令诸州灭蝗以利农桑。后唐明宗执政期间，提倡节俭，兴修水利，关心百姓疾苦，使百姓得以喘息。

后周时，后周太祖郭威为了减轻农民压力，于952年直接将兵屯的营田赐给佃户，以提升税收，并且废除后梁太祖实行的"牛租"，使农民免除牛死租存的负担。后来实行均田制，按实际占有田亩征税。

与五代相比，南方十国的经济型农业却能继续发展。当时经济中心逐渐南移，增加了那里的劳动力，再加上华南地区被细划分为数国，各国为了提升经济实力莫不细心经营，这使得十国的经济力远胜于五代。

南方十国提倡发展经济，并且重视兴修水利，防水治害。吴越、南唐奖励农桑；闽及南汉促进海外贸易；前蜀和后蜀亦能发展农耕丝织，此均能令南方的经济得到发展。

巴蜀地区在唐朝的时候就十分的富庶，有天府之国之誉称。经历战乱后，在前蜀王建与后蜀孟知祥父

王建（847年—918年），字光图，陈州项城人，今属河南沈丘，一作许州舞阳，今河南省舞阳人。前蜀开国君主，在位时期，励精图治，注重农桑，兴修水利，扩张疆土，实行"与民休息"的政策，蜀中大治。

孟知祥（874年—934年），字保胤，邢州人，今属河北邢台。五代十国时期后蜀建立者，在位一年。934年，他趁后唐内部皇位争夺之机在成都即皇帝位，建国号"大蜀"，史称"后蜀"，改元"明德"。

■ 五代人物造像

子的经营下，政治相对稳定。他们又很注重兴修水利，广泛耕垦，在褒中一带还兴办了屯田，使得农业生产比较发达。在后蜀时期，"百姓富庶""斗米三钱"，即米便宜到一斗三文钱。

吴与南唐、吴越所在的两淮、江南与太湖地区在隋唐时期十分繁荣，是唐代的粮食重镇。历经庞勋之变与黄巢起义后也逐渐恢复，当地朝廷支持大规模开垦荒地，并且修筑水道。

马殷（852年—930年），字霸图。原籍许州鄢陵，今河南省鄢陵。五代十国时楚国第一代君主。任用高郁、吕师周等人，采取一系列政策措施，保持楚境的独立和地方安定，发展经济，使楚国在五代十国中强盛一时。

吴和南唐在丹阳疏浚练湖，在句容疏浚绛岩湖，在楚州筑白水塘，在寿州筑安丰塘，少者溉田数千顷，多者溉田万顷以上。

吴越境内钱塘江一带，遭受海潮侵袭，成千上万亩农田被淹。吴越国王钱镠组织人力修造海塘，使钱塘江附近成为富庶的农业区，人们感激他，编织出了"钱镠射潮"的神话，反映了人与自然作斗争的英勇气概。

南唐和吴越的农民还修建了一种圩田，即围田。旱则开闸引水灌田，涝则关闸拒水，把低洼的涝地变成良好的耕田。

■ 五代青釉刻花碗

福建地区在唐代后期经济力不强,王潮、王审知兄弟领有闽国后,他们劝民农桑,在连江县车湖周围筑堤,可溉田4万余顷。

湖广之地,在东晋南朝以来也十分兴盛。马殷据湖南建楚国后,不断提升湘中、湘西的粮食产量。在周行逢据有湖南时,人民尽务稼穑,四五年间,仓廪充实。这些都使得长江中下游一带成为著名的余粮区,到宋朝更有"苏常熟、天下足"的说法。

南方除了粮食作物兴盛之外,在桑柘、茶树等经济作物也十分兴盛,且进入专业化的地步。当时种植面积最广泛的就是茶树,除了种于山区之外,也有建立于平地丘陵制之上。

在南方十国,茶树等经济作物出现了生产规模扩大、新品种增多、生产技术改进、专业化程度逐渐提高的发展趋势。

在南唐统辖地区,楚州山阳县出茶陂,舒州出土产开火茶,庐州出土产开火新茶,和州、蕲州、安州、信阳军、鄂州、兴国军、广德军、歙州、池州、筠州、饶州、吉州、抚州出土产茶。茶树的种植,普及全境。

在吴越统辖地区,常州出土产茶,宜兴出紫笋茶,顾渚在唐代就是著名的茶产地,越州余姚县瀑布岭出仙茗。在七闽统辖地

王潮(846年—897年),原名王审潮,字信臣,光州固始,今河南省固始人。秦名将王翦的后代。唐代将军,历任泉州刺史、福建观察使、威武军节度使等。

■ 马殷画像

■ 五代十国时期货币天策府宝

区，福州、建州、漳州、汀州出土产茶。在湖南楚国统辖地区，潭州、邵州、衡州、思州出土产茶，播州出土产黄茶。当时湖南的茶利，非常可观。在南平国所辖地区，荆州松滋县出土产碧涧茶，峡州出土产茶，归州出土产白茶。

在前蜀、后蜀的统辖地区，植茶更是普遍。彭州、眉州、邛州、蜀州、雅州、渝州、泸州、巴州出土产茶。

茶树类经济作物在南方的普遍种植，不仅表明农业的发展，而且也为工商业的发展提供了有利条件。南方的制茶、丝织等行业都有了新的发展，蜀绣、吴绫、越锦等丝织品驰名全国。

南唐制茶业最为发达。南唐国家农桑之盛，前所未有，农业发展的深度与广度，南北无出其右者。当时的扬州蜀岗茶，常州紫笋茶闻名于世。

由于茶叶生产的发展，制茶业在南唐兴盛起来。南唐仅官府就有茶叶坊38处之多，专门生产高级茶品，供皇家和贵族使用。民间制茶作坊更多，境内私茶作坊有1000多处。

农业经济作物的广泛种植和制茶业的发展，必然

契丹 中古出现在我国东北地区的一个民族。自北魏开始，契丹族就在辽河上游一带活动，唐末建立了强大的地方政权，后改称辽，统治我国北方。1125年为金所灭，其余部建立了西辽王国，延续了93年。

党项 我国古代北方少数民族之一，属西羌族的一支，故有"党项族党项羌"的称谓。他们以部落为划分单位，以姓氏作为部落名称，逐渐形成了著名的党项八部，其中拓跋氏最为强盛。此外还有黑党项、雪山党项等部落。

会极大地促进农业经济商品化的进程。通商贸易、互通有无是大势所趋。

五代时期青釉凤首执壶

华北需要的茶叶经常通过商人南来贩运,南方茶商的行踪也远至河南、河北,他们贩卖茶叶,买回丝织品、战马等。江南人所需的一部分食盐也依赖华北供应。

北方诸国从契丹、回鹘、党项买马,蜀向西边各少数族买马。南方的吴越、南唐、楚、南汉等国以进贡方式和北方进行贸易。吴越、闽国与北方的贸易主要是通过海路等。

南方十国的对外贸易也很兴旺,我国的茶叶、丝织品等远销海外,东自高丽、日本,西至大食,南及占城、三佛齐,都有商业往来。明州、福州、泉州、广州都是外贸重要港口。

五代十国时期,富有特色的农业经济,为两宋时期农业经济作物的快速发展奠定了基础。

阅读链接

柴荣是郭威的继承者,坚持郭威的改革。郭威是我国历史上第一个黥面的天子。黥面就是因为犯罪而被在脸上刻字。

他当政时积极改革。其继位者柴荣是茶商出身,善于计算,懂得经济,继续坚持改革。为了恢复生产,柴荣首先奉行节约政策,自己率先垂范,以身作则。

他把宫内金银珠宝玉器以及饮食之具等,悉数当众砸碎,下诏凡过去进贡之官中衣服、用具、酒、海味、麝香、羚羊角、熊胆、獭肝等百余种,禁止再贡。

宋代农业经济与土地制度

宋朝的建立，结束了长期的战乱，百姓休养生息，人口增长很快，两宋时期的农业经济取得了较快的发展。

宋代扩大了耕种的土地，创制了不少高效农具，还大力发展栽培技术，这些都促进了农业的发展，并由此带动了林业、牧业、渔业及农村副业的发展。

这一时期的土地制度是授田和限田，旨在遏制大地主籍没和购买大量土地。

■ 宋太祖赵匡胤

宋代农业的发展趋势超过了以往。宋代注重对农业土地的合理使用。王安石变法推行农田水利法，实行淤田法，在黄河中下游推行淤灌，颇有成就，规模空前，放淤的范围遍及陕、晋、豫、冀。

《宋会要辑稿》记载了当时开封境内淤灌后，每年增产几百万石。由此可见，宋代淤灌的效果相当显著。

■ 王安石画像

宋代由于人口增加很快，平旷的土地不够用，除了用淤田法扩田外，还开垦山、泽地进行耕种。土地利用范围扩大，主要表现有与山争地的梯田和与水争地的圩田和围田。

梯田是经人工蹬削而成，采用等高线法进行耕种，将作物在沿山横向的等高线种植一二条，苗出以后就可耘锄。后来发展到多条等高线种植，造成山坡层叠的梯田，既方便锄草，又便于蓄水。宋代梯田分布很广，在川、粤、赣、浙、闽等地都有。

圩田是在低洼多水的地区筑堤，防止外围的水浸入的稻田，在宋代发展很迅速，是当时人们与水争田的主要方式。有围田、沙田、涂田等多种形式。

围田就是筑土作堤，捍御外水侵入，并设置圩岸沟河闸门，平时可以蓄水，涝时开闸排出圩内的水，

王安石变法 北宋针对当时积贫积弱的社会现实，以富国强兵为目的而掀起的一场轰轰烈烈的改革。变法颁布了农田水利法、均输法、青苗法、免役法、市易法、方田均税法等多项法规，并推行保甲法和将兵法以强兵。变法取得了一定成果，但最终以失败而告终。

古代农耕图

旱时开闸引入外面的水灌溉。这样就能做到排灌两便，旱涝保收。

沙田则是利用长在河畔出没无常的沙淤地来工作。涂田是海边潮水泛滥淤积泥沙生长碱草，由于年深日久形成大小不一的地块。

宋代新农具大量涌现，农具应用专门化，不同作物使用不同的农具，如割荞麦用推镰，割麦用麦绰、麦钐，割水稻用铍等。

而且从利用人畜力为动力发展到利用水力，由水磨、水碾、水锥进而发展到翻车式龙骨车、筒车等，利用水力运转以输水灌田。这对我国一年两熟农作制的改革有极大的推动作用。

南宋时翻车式龙骨车及筒车在江南一带应用很普遍。翻车式龙骨车就是翻车，又称踏车，是由连串的活节木装入木槽中，上面附以横轴，利用人力踏转或利用牛力旋转，也有利用水力旋转者，活节木板连环旋转，沟溪河川的水随木板导入田中。它起水快，搬运方便。随地可用，深受南宋农民重视。

北宋时人应用水磨、水碾，利用水力运转的原理，创造了自转水轮的简单装置，吸水、运水、覆水都用一轮。到南宋时为提高其载水量，用若干竹筒系在轮上，增加输灌水量，这时才有筒车的名称。元代进一步发展为上轮、下轮,可适用于田高岸深或田在山上的情况。

宋代铁铲

筒车,在岸上立一转轮为上轮,在河中立一转轮为下轮,两轮间用筒索连起来,筒索装许多竹筒或木筒,水流激动转轮,轮上的筒就依次载水注入岸上的田里。覆水后空筒复下依次载水而上,循环不止。

宋代农具在改进中,为提高效率,根据不同的作物创造出许多新的类型,以满足农业生产的需要。整地农具有踏犁、铡刀和耩。

《宋会要辑稿》中说它可代牛耕之功半,比镬耕之功则倍。宋代因缺少牛,曾多次推广过踏犁。

铡刀又称裂刀,宋代用它开荒。其形如短镰,刀背特厚,一般装在小犁上,在犁前割去芦苇、荆棘,再行垦耕;或将它装在犁辕的头上向里的一边,先割芦苇,再行垦耕。

此外还有耩、秧马、耧斗、耧锄、推镰等。耩是金代为适应东北垄作特点而创制的,能分土起垄和中耕。

秧马是用来拔秧的农具,可以减轻劳动强度。苏轼曾在《秧马

翻车模型

苏轼（1037年—1101年），字子瞻，号东坡居士，四川人，北宋文学家、书画家，"唐宋八大家"之一。其文与欧阳修并称"欧苏"，其诗与黄庭坚并称"苏黄"，其词与辛弃疾并称"苏辛"，其书法与黄庭坚、米芾、蔡襄并称"宋四家"。著有《苏东坡全集》和《东坡乐府》等。

歌》及序中记叙人骑在小船似的秧马上，两脚在泥中撑行滑动的情景。

耧斗是施肥工具，耧斗后置筛过的细粪和拌蚕沙，用耧播种时随种而下覆于种上，同时还有施肥的功效。

耧锄是北方沿海地区出现的畜力中耕器，形如木屐，长1尺余，宽3寸，下列推列铁钉20多枚，背上装一长竹柄，可用手持着在稻苗行间来往松土、除草。

推镰用来收割荞麦，是当时的新创，推镰是在顶端分叉的长柄上装上2尺长横木，两端又装一小轮，两轮间装一具半月形向前的利镰，横木左右各装一根斜向的蛾眉杖，可以聚割下的麦子，用大力推行，割下的麦子倒地成行，工效较高。

宋代在土壤肥料理论和技术方面有着重大的突破。以陈旉为代表的农学家提出了地力常新论，扩大了肥源，改进了积肥方式，出现了保肥设备，提高施肥技术。

两宋时期旱地耕种技术的提高主要表现在犁深、耙细、提出秋耕为主，以及套翻法的创始等方面。浅耕灭茬和细致耕耙，可以保墒防旱，提高耕作的质量；随耕随耢，就能减少耕种过程和土壤水分损耗；反复耙耢，能使土壤表层形成一个疏松的覆被层，减少水分的气

■ 宋代青白瓷谷仓

态扩散；强调秋耕为主，有利于大量接纳秋雨，蓄水保墒等。

由于两宋时经济重点转向南方，南方水田地区施行一年两熟栽培，不但能杂植北方的粟、麦、黍、豆，而且引入新作物的产品的制造技术，并发展了南方原产作物的栽培技术。

当时南方经济作物发展极为迅速，茶、蔗、棉栽培扩大。茶、蔗、棉都实行直播，而茶多种在丘陵地、倾斜地，不做畦，采用穴播丛植法。蔗、棉要做畦，不需移栽。

当时国内外大量需求蚕丝制品，丝出于蚕，蚕依于桑，而桑的生苗生产需3年，这就出现了营养繁殖快速成苗的方法。以前的压条法得到更进一步的充实，并创造了插条法、埋条法。

压条法就是将植物枝条压入土中，使土中的部分产生不定根，然后将它从母株切断独立成株，优点在于切断前，压条能接受母株营养，易于成活。

插条法则是将植物斫下的枝条插入土中，使它入土的部分不定根自行生长。

埋条法是将树的干或其萌条留其树身或条身有芽的埋入预置的坑内，一方面使其根系发育，另一方面使其身不出土，但周围的芽成长成条。

■ 宋代陶仓

陈旉（1076年—1156年），自号"西山隐居全真子"，又号"如是庵全真子"。南宋农学家。所著《农书》详细总结了我国南方农民种植水稻以及养蚕、栽桑、养牛等生产技术的丰富经验，并且指出通过合理施肥可以改良土壤的肥力，可使农作物获得好收成。

北宋谷物移植推广图

南宋时盛行桑的嫁接,技术水平已相当高。另外,湖桑是南宋时由鲁桑南移到杭嘉湖地区,通过人工和自然选择,高产优质。它的出现是蚕桑业的一件大事。

宋代的蔬菜、花卉、果树也已成为农业的重要行业,不仅表现在种类增加和优良品种不断大量涌现,而且在栽培技术也有很大发展。

宋代蔬菜种类增加不少。据《梦粱录》记载,南京杭州就有蔬菜30多种,丝瓜最早记载于宋《老学庵笔记》,菠菜在宋已发展为主要蔬菜之一，而南宋时白菜品种多，品质好。

蔬菜的栽培技术也有不少发展。最早见于宋元间《务本新书》，其中谈到茄子开花，削去枝叶，再长晚茄，就是用整枝打叶来控制生长发育，可使之分批结果而增产。

花卉的发展也是空前的，北宋首都汴梁、南宋首都临安都有花市，洛阳和成都的牡丹、扬州的芍药都是当时的名产。

果树的佳种在宋代大量出现，据宋韩彦直《橘录》记载，仅温州一地就有橘14种，柑8种，橙5种，并对它们一一作了详细的性状描述。

宋蔡襄的《荔枝谱》中记载福州荔枝有32个品种。《梦粱录》记载了当时杭州的柿子就有方顶、牛心等10多个良种。这说明宋代果树已出现大量良种。

果树的栽培技术有嫁接、脱果、除立根、套袋等。脱果法是一种无性繁殖方法。据宋温革《分门琐碎录》介绍，农历八月用牛粪拌土包在结果枝条像宏膝状的弯转处，状如大碗，用纸袋包裹，麻皮绕扎，

湖桑 鲁桑的变种。是我国主要栽培桑树。原产浙江省湖州一带。落叶乔木。树皮灰褐色，枝条粗长，叶形大，全叶，卵圆或心脏形，叶肉较厚，叶色深，中晚生。

鲁桑 桑树的一种，属桑科桑属，为落叶乔木。枝条粗长，叶卵圆形，无缺刻，肉厚而富光泽。原产山东，为我国蚕区的主要栽培桑种。

■ 宋代铁矿锄

> 周密（1232年—1298年），字公谨，号草窗，又号四水潜夫、弁阳老人、华不注山人。南宋词人、文学家。其词远祖清真，近法姜夔，风格清雅秀润，与吴文英并称"二窗"。一生著述较丰，有《齐东野语》《武林旧事》《癸辛杂识》《频洲渔笛谱》等。

任其结实。到第二年秋开仓检视，如已生根就截下再埋土中使其持长。这在当时是重大创造。

两宋时期，由于江南经济的发展，人口增殖，在木材、役畜、淡水养鱼、农产加工等方面的需求进一步增加，促进了林、牧、渔等副业技术的改进和提高。

南宋的林业生产、造林技术在很大程度上是借鉴了农业的许多生产技术创造出来的，造林、树木移栽的方向、时期和方法，苗圃育苗及嫁接法等。

在我国古代，耕牛一直作为主要的动力。因此耕牛饲养的好坏，直接关系到农田的开垦数量和耕种及产量的增加。如果耕牛病弱或死亡，将极大地影响农业生产。因此，宋代从耕牛的卫生、饲养、使用、保健、医疗几方面进行改进，取得了很好的效果。

宋时浙东多凿池塘养鱼，投放的鱼苗不到3年就能长到尺余长。宋代还发展了多种鱼混养的技术。周密在《癸亥杂识》中就曾记叙，浙江渔民春季从江州鱼苗贩子处买来鱼苗，放入池中饲养。

按池塘的大小环境，放入一定数目的青、草、鲢、鳙鱼苗进行混合饲养，综合利用天然水体中的天然食料，并按鱼

■ 宋代的石磨

■ 宋代的石臼

苗的生长期分期予以不同种类的饵料,至第二年养成商品鱼出售。当时人们对草鱼食草、青鱼食螺已有认识。

两宋时期农村的副业生产主要有养蚕、猪、牛、羊、养蜂等。在农产原料加工方面的,如做豆豉、做酒、做醋等,还有就是纺织原料加工,有缫丝、剥麻、纺织原棉等。

宋代的航海业、造船业成绩突出,海外贸易发达,和南太平洋、中东、非洲、欧洲等地区50多个国家通商。

在土地制度方面,宋代以国家"授田"为主要形式。这是古代专制社会中生产关系的一次调整。

北宋统一全国后,鉴于当时有很多土地弃耕摺荒,急望人们垦田务农,以求增加国家财政收入,宋太宗根据太常博士陈靖的建议,实行"授田"。

据《宋史·食货志》记载:

> 田制为三品:以膏腴而无水旱之患者为上品;虽沃壤而有水旱之患者,确瘠而无水旱之患者为中品;既确瘠而又水

■ 宋太宗（939年—997年），赵炅，本名赵匡义，后因避其兄宋太祖讳改名赵光义，即位后改名炅。是宋朝的第二个皇帝，谥号"至仁应道神功圣德文武睿烈大明广孝皇帝"。

旱者为下品。

上田，人授百亩；中田，百五十亩；下田，二百亩。五年后收其租，亦只计百亩，十收其三。一家有三丁者，请加授田如丁数。

五丁者从三丁之制，七丁者给五丁，十本者给七丁，至十、三十丁者，以十本为限，若宽乡田多，即委农官裁度以赋之。

这就是宋太宗时期颁布的"计丁授田"政策。

由于两宋的大地主多系皇族、贵戚、达官、显贵、富商、巨贾、地主、豪强，他们在政治上和经济上具有优越地位，他们获取土地的方式有官府的赏赐和赠与、巧取豪夺和购买兼并。

为了限制土地兼并，宋仁宗时曾下诏"限田"：公卿以下不得过30顷，衙前将吏应服役者，不得过15顷，而且限于一州之内，否则，以违律论。

宋代时期的农业，有几个主要特点。一是高效。这一时期出现了一些功效较高的农具，如中耕用的耘荡和耧锄，收刈用的推镰和麦钐、麦绰、麦笼，灌溉用的翻车和筒车等，这些工具中，不少应用了轮轴或齿轮作为传动装置，达到了相当高的水平。

二是省力。这是指减轻劳动强度或起劳动保护作用的农具,如稻田中耕所用的耘荡、秧马、耘爪等。

三是专用。这就是分工更为精细,更为专门化。以犁铧而论,有镵与铧之分,"镵狭而厚、唯可正用,铧阔而薄,翻覆可使",故"开垦生地宜用镵,翻转熟地宜用铧""盖镵开生地着力易,铧耕熟地见功多。北方多用铧,南方皆多用镵"。王祯《农书》把镵与铧的特点、适用范围说得很清楚。

四是完善。如在犁辕与犁盘间使用了挂钩,使唐代已出现的曲辕犁进一步完善化。又如在耧车的耧斗后加上盛细粪或蚕沙的装置,可使播种与施肥同时完成,即所谓下粪耧种。

五是配套。北方旱作农具,魏晋南北朝时期已基本配套,此时进一步完善。南方水田耕作农具,唐代已有犁、耙、碌碡和礰礋,宋代又加入了耖、铁搭、

犁铧 我国古代翻土用的农具,就是耕地时安装在犁上用来破土的石制品或铁制品。犁是人类早期开始耕地的农具,我国大约自商代起,人们就已使用耕牛拉犁,木身石铧,战国时期就用上了铁口犁,大大提高了耕作效率,比欧洲人早1700年。犁的发明和应用,显示了我国古代劳动人民的智慧。

■古代农耕灌溉模型

■古代农耕灌溉图

平板、田荡等，就形成了完整的系列。此外，还有用于育秧移栽的秧绳、秧弹、秧马，用于水田中的耘荡、拐子，用于排灌的翻车、筒车、戽斗等，南方水田农具至此亦已完整配套。我国传统农具发展至此，已臻于成熟阶段。

在传统农具日益完备的同时，人们还在动力上作文章，以应付各种自然灾害带来的不测。自春秋战国时期发明"牛耕"以来，牛就成了农民的宝贝，同时也与上层统治者有着密切的关系。于是，人们在积极保护耕牛的同时，同时又积极研制一些在缺乏耕牛的情况下仍然能够进行耕作的农具，如唐代王方翼发明的"人耕之法"，宋代推广的踏犁和唐宋以后开始流行的铁搭等。

阅读链接

宋代农业生产很注意施肥和积肥。农民在长期生产实践中认识到，土壤的性质不同，应施用不同的粪肥。

在人多地小的地方，土壤肥沃而产量高的原因就是靠积肥、施肥和灌溉。所谓"用粪如用药"。

为此，宋代农民对积肥非常重视，并且开始注意保存肥效。为了积肥，当时京师杭州有专门载垃圾的船只，农民将垃圾成船搬运而去做肥料，甚至还有经营粪业者，专门收集各户粪便，并各有范围而互不侵夺。

元代农业经济的全面发展

蒙古族首领忽必烈于1271年建立元朝，定都于大都。元代推行了许多重视农业的措施，推动了农业经济的全面发展。

■元世祖忽必烈

元代农业的发展，表现在生产工具的改进、生产技术的提高和农产品产量的增加等方面。此外，手工业、商业和交通运输业也有相应的发展。

元代的土地制度，根据当时政府法令的规定，主要为官田、民田和屯田三种。屯田的设置和当时的军事、财政密切相结合，也和当时的移民政策或民族政策有密切的联系。

■ 元代农书《农桑辑要》

元世祖忽必烈即位后，设立管理农业的机构司农司，指导、督促各地的农业生产，推广先进生产技术，保护劳动力和耕地，兴修水利等，使元代前期农业生产得以恢复和发展。

元政府加强了农业技术的总结和普及工作，管理农业的机构司农司编辑的《农桑辑要》，是我国古代政府编行最早的、指导全国农业生产的综合性农书。

鲁明善的《农桑衣食撮要》是我国月令体农书中最古的一部，王祯的《农书》是我国第一部对全国农业进行系统研究的农书。

宋真宗时推行的占城稻在元代时已经推广到全国各地。农业生产继续发展，1329年，南粮北运多达350多万石，这说明粮食生产的丰富。

元代前期，经济作物也有较大发展，茶叶、棉花与甘蔗是重要的经济作物。江南地区早在南宋时已盛产棉花，北方陕甘一带又从西域传来了新的棉种。

鲁明善 名铁柱，高昌，今新疆吐哈拉和卓堡人。元代杰出的畏兀儿农学家。编纂刊印了《农桑衣食撮要》又名《农桑撮要》《养民月宜》二卷，按"月令"体裁撰写，列有农事208条。对元代农业生产的恢复和发展，曾起了一定的作用。

1289年，元政府设置了浙东、江东、江西、湖广、福建等省木棉提举司，年征木棉布10万匹。1296年复定江南夏税折征木棉等物，反映出棉花种植的普遍及棉纺织业的发达。

元代水利设施以华中、华南地区比较发达。元初曾设立了都水监和河渠司，专掌水利，逐步修复了前代的水利工程。陕西三白渠工程到元代后期仍可溉田7万余顷。所修复的浙江海塘，也对保护农业生产也起了较大作用。

元代农业技术继承宋朝，南方人民曾采用了圩田、柜田、架田、涂田、沙田、梯田等扩大耕地的种植方法，对于生产工具又有改进。

元代的农具，在王祯的《农书》中有不少详细的叙述。比如翻土农具镫锄、浙碓、耘耙、跖铧，水田中除草松泥的农具耘荡，除草和松土用的耘爪，插秧和拔秧的工具秧马，收麦工具麦钐刀、麦绰、麦笼等。

元代的畜牧政策以开辟牧场，扩大牲畜的牧养繁殖为主，尤其是

元代水排模型

繁殖生息马群。元代完善了养马的管理，设立太仆寺、尚乘寺、群牧都转运司和买马制度等制度。

元朝在全国设立了14个官马道，所有水草丰美的地方都用来牧放马群，自上都、大都以及折连怯呆儿，周围万里，无非牧地。

元代牧场广阔，西抵流沙，北际沙漠，东及辽海，凡属地气高寒，水甘草美，

元代水磨模型

无非牧养之地。当时，大漠南北和西南地区的优良牧场，庐帐而居，随水草畜牧。江南和辽东诸处亦散满了牧场。

内地各郡县亦有牧场。除作为官田者以外，这些牧场的部分地段往往由夺取民田而得。

牧场分为官牧场与私人牧场。官牧场是12世纪形成的大畜群所有制的高度发展形态，也是蒙古大汗和各级贵族的财产。

大汗和贵族们通过战争掠夺，对所属牧民征收贡赋，收买和没收所谓无主牲畜等方式进行大规模的畜牧业生产。

元代诸王分地都有王府的私有牧场。元世祖时，东平布衣赵天麟

元代铁镐

赵天麟 元代法学家。他曾以一介布衣身份向皇帝上了62篇奏折,后编为《太平金镜策》《宽逖民策》等,内容涉及元代社会生活的许多方面,包括田制、农桑、赋税徭役、户计、义仓、冗官、服章祭祀、军事等方面,其中以法律方面的立法动议见多。

在《太平金镜策》说:

> 今王公大人之家,或占民田近于千顷,不耕不稼,谓之草场,专放孳畜。

可见,当时蒙古贵族的私人牧场所占面积之大。

岭北行省作为元代皇室的祖宗根本之地,为了维护诸王、贵族的利益和保持国族的强盛,元政府对这个地区给予了特别的关注。

畜牧业是岭北行省的主要经济生产部门,遇有自然灾害发生,元代就从中原调拨大量粮食、布帛进行赈济,或赐银、钞,或购买羊马分给灾民;其灾民,也常由元廷发给资粮,遣送回居本部。

元代手工业生产也有些进步,丝织业的发展以南方为主,长江下游的绢,在产量上居于首位,超过了黄河流域。

■ 元代水碾模型

元代的加金丝织物称为"纳石矢"金锦,当时的织金锦包括两大类:一类是用片金法织成的,用这种方法织成的金锦,金光夺目。另一类是用圆金法织成的,牢固耐用,但其金光色彩比较暗淡。

棉纺织业到宋末元初起

了变化，棉花由西北和东南两路迅速传入长江中下游平原和关中平原。加上元代在5个省区设置了木棉提举司，每岁可生产木棉10万匹，可见长江流域的棉布产量已相当可观。

在棉纺织技术方面，由于当时工具简陋，技术低下，成品尚比较粗糙。1295年前后，妇女黄道婆把海南岛黎族的纺织技术带到松江府的乌泥泾，提升了纺织技术，被尊称为"黄娘娘"。

元代的瓷器在宋代的基础上又有进步，著名的青花瓷就是元代的新产品。青花瓷器，造型优美，色彩清新，有很高的艺术价值。

元代透过专卖政策控制盐、酒、茶、农具、竹木等一切日用必需品的贸易，但元代幅员广阔，交通发达，所以往往鼓励对外贸易政策，因而对外贸易颇为繁盛。

元代土地，大致可分为屯田、官田、寺观田和民田四大类。屯田和官田都是国有土地，统称"系官田"；寺观田和民田为私有土地。"系官田"的显著增多是元代土地制度上的一个重要特色。

屯田，实际上就是由封建政府直接组织农业生产，元代屯田十分发达，其规模之大，组织之密，超

■ 黄道婆（约1245年—1330年），又名黄婆，黄母。松江府乌泥泾镇，今上海市华泾镇人。宋末元初知名的棉纺织家。由于传授先进的纺织技术以及推广先进的纺织工具，受到百姓的敬仰。在清代，被尊为布业的始祖。

瓷器 以瓷土、长石、石英等天然原料制得坯胎经高温烧制获得的陶瓷制品。我国是瓷器的故乡，瓷器是我国劳动人民的一个重要的创造，也是对世界文明的伟大贡献。

■黄道婆三锭脚踏纺车

过了以前任何一个朝代。

屯田的方式,主要有军屯和民屯两种。军屯是元代最重要的屯田方式,其类型有二,一是镇戍边疆和内地的军队屯种自给,二是设置专业的屯田军从事屯种。

这是元代军屯不同于以往历代军屯的显著特点。屯田军户,主要来源于汉军和新附军,他们专事屯种以供军食,一般情况下不任征戍。在元代统一之前,专业的屯田军便已出现。

民屯是组织民户进行屯种,其组织形式带有浓厚军事性质。从事民屯的人户另立户籍,称"屯田户"。内地屯田户,或来源于强制签充,或来源于招募。

边疆屯田户,则主要通过迁徙内地无田农民而来。屯田户的生产

■黄道婆墓

资料，如土地、牛种、农具等，或由政府供给，或自备。民屯的分布范围也很广泛，规模亦大。

元代灰陶卧牛

元代屯田的管理，分属枢密院和中书省两大系统。军屯总隶枢密院，分隶各卫、万户府和宣慰司，各卫和万户府之下设立专门的屯田千户所和百户所以管屯种。

民屯总隶中书省，分隶司农司、宣徽院及各行省，具体管理由所在地的路、府、州、县，或由专门设立的屯田总管府、屯田署等。

元代大规模实行屯田，促进了荒地的垦辟，扩大了可耕地面积，对边疆地区农业生产的发展尤为有利。

元代官田，是指屯田以外所有的国有土地。元代官田的数量颇为庞大，超过了前代。官田种类不一，主要有一般官田、赐田、职田和学田四大类。

一般官田，即封建国家直接占有的官田。元代的一般官田主要分布在江南地区，元政府在这一地区设置了江淮等处财赋都总管府、江浙等处财赋都总管府以及多种名目的提举司，专责管理官田事务。

元政府在逐渐扩大官田的同时，不断地将官田赏赐给贵族、官僚和寺院，这便是"赐田"。元代赐田之举十分频繁，赐田的数量也很大，动辄以百顷、千顷计。元代赐田，是元代土地制度中较为突出的现象。

职田即官员的俸禄田。元代职田只分拨给路、府、州、县官员及按察司、运司、盐司官员，其他官员则只支俸钞和禄米，不给职田。官员职田的多寡，随品秩高下而定。

学田，即官办各类学校所占有的土地。元代在中央设置国子学、蒙古国子学、回回国子学，在路府州县设置儒学、蒙古字学、医学、阴阳学等。

此外，各地还有大量的书院。除国子学没有学田外，上述其他学校都占有数量不等的土地，其中各地儒学是学田的主要占有者。

上述元代各类官田，基本上都采用租佃制的生产形式。大多数情况是出租给贫苦农民耕种，但元代一般官田和学田中包佃制兴盛，是这些土地上封建租佃关系继续保持其发展趋势的一种反映。

元代寺观土地名义上属于封建国家所有，但除去政府拨赐的土地外，寺观从前代继承来的土地及通过各种途径续占的土地，其所有权都在寺观，新增田土还要向政府纳税，所以，寺观土地一部分是私有土地。

元代尊崇宗教，随着佛道二教社会地位的上升，寺观的土地占有也显著扩张，尤其所谓"佛门子弟"更充当了土地兼并的突出角色。

古代农耕图

许多寺观，在前代便占有相当数量的土地，入元后这些土地仍归其所有，并受到元政府的保护。元政府又把大量官田拨赐给一部分著名寺观，动辄数万甚至十数万顷，急剧扩增了寺观的土地占有。寺观土地基本上采用租佃制进行生产，寺观佃户的数量很大。一般寺观的田地都分设田庄，派庄主、甲干、监收等管理佃户和收取田租。

元代民田，包括地主、自耕农、半自耕农占有的土地，地主土地所有制在民田中占有绝对支配地位。金和南宋时期，大地主土地所有制已经充分发展，入元以后地主的土地兼并活动并未受到遏止，且有变本加厉之势。

由于地主占据了绝大部分土地，元代自耕农、半自耕农的人数甚少，所占土地亦十分有限。大部分农民没有土地，或只占有极少的土地，因而成了封建国家和各类地主的佃户。

阅读链接

元代著名农学家王祯在旌德县尹任内，为老百姓办过许多好事。据《旌德县志》记载，他生活俭朴，经常将薪俸捐给地方兴办学校，修建桥梁，施舍医药，教农民种植、树艺。

有一年碰上旱灾，眼看禾苗都要旱死，农民心急如焚。王祯看到旌德县许多河流溪涧有水，想起从家乡东平来旌德县的时候，在路上看到一种水转翻车，可以把水提灌到山地里。

王祯立即开动脑筋，画出图样，召集木工、铁匠赶制，就这样，水转翻车使几万亩山地的禾苗得救。

近世时期

田赋结合

明清两代是我国历史上的近世时期。

明清时期的农业在土地开发和技术利用等方面得到了进一步的发展。农业的发展使手工业出现繁荣，私营手工业在明中后期占主导地位，并出现了资本主义生产关系的萌芽。但自给自足的自然经济在全国仍居主导地位。

明清时期的土地所有制，与我国历代王朝一样，有官田与民田之分。官田属封建国家所有，民田属地主或自耕农所有。明清时期的土地制度对后世有着深远的影响。

明代农业生产的进步

明朝是14世纪中期至17世纪中期的一个统一王朝。明朝的农业尽管在经营方式和技术水平上仍然处在比较落后的传统农业阶段,但是与前代相比起来,其进步性还是十分明显的。

明朝政府鼓励农耕。新式农具的推广,农业肥料的使用,土壤的改良,农作物的引进,栽培技术的创新,家畜家禽的饲养,水利方面的建设,以及农业生产的多种经营方式,使农业获得了空前的发展。

这一切说明,传统农业在我国明代仍是富有活力的,其发展潜力依然很大。

■ 明太祖朱元璋

明代皇帝亲耕图

明代农业由于受到条件限制,基本上还是自然农业模式,还是小农经济占据主要地位。

元末农民战争中,不少地主或死或逃,留下大批荒田。广大农民进行开垦耕种,得到明政府的认可。

1368年,明太祖下令,各处荒田,农民垦种后归自己所有,并免徭役3年,原业主若还乡,地方官于附近荒田内如数拨与耕种。

此外,明政府还大力推行屯田政策。凡移民屯种,官府给予耕牛、种子,免征3年租税,其后亩纳税一斗。军屯是让卫所士兵屯耕自给。军屯的耕牛、种子、农具由政府供给。大部分是垦荒得来的。

在明代,农业生产工具的类型和作用,基本上已经达到我国封建社会的经济条件和技术条件当时所能达到的高度。新出现或有所改进的农业生产工具中,最值得一提的是耕翻农具人力"代耕架"的应用。它

小农经济 就是自然经济,它的特点:一是分散,二是生产出来的产品绝大部分用来自己消费,而不是用来交换,是一种自给自足的自然经济。

明太祖(1328年—1398年),朱元璋,字国瑞,原名朱重八,后取名兴宗。濠州钟离人。明朝开国皇帝。他结束了元朝民族等级制度,努力恢复生产,整治贪官,其在位时期被后世称为"洪武之治"。

利用机械原理,省力而效率高。

代耕架由两个人字形支架和安有十字木橛的辘轳组成。耕地时田地两头距离两丈,相向安设。辘轳中缠有6丈长的绳索,绳两端固定在两边的辘轳上,中间安有一个小铁环,小铁环上挂有耕犁的曳钩,运作时以人力搬动辘轳上的木橛,使之转动,耕犁就往复移动耕田。

明代农书《农政全书》

每套代耕器,共用3人,两面辘轳各用一人,扶犁一人。转动辘轳的人,一人转动时,对方一人休息,如此往复搬动。

代耕架暂可解决耕畜缺乏的问题,然而,使用时人的体力消耗较大,且易损坏,用途单一,制造费用较高,效率不很理想,因此在小农经济条件下不可能大规模推广使用。但在耕地机械上毕竟是一大进步。

此外还有灌溉农具风力水车。宋应星在《天工开物》中说:

> 扬郡以风帆数扇,俟风转车,风息则止,此车为救潦,欲去泽水,以便栽种。

■ 宋应星(1587年—约1666年),字长庚,奉新人,也就是现江西,明末科学家。在当时生产技术达到新水平的条件下,他在江西分宜教谕任内著成《天工开物》一书。宋应星的著作还有《论气》《谈天》和《卮言十种》等。

这类提水机械用于太湖流域排水，有风就转且可经常工作。稻谷脱粒农具稻床，也是这一时期新出现的或在以前基础上加以改进的农用机具。

明代已把积肥列为农家的头等大事，并认为一切残渣废物都是好肥料。如《月令广义》指出：

■《天工开物》插图

> 田家首务，在于积粪。积粪之方不一，自人粪、六畜粪及尘埃粪、杂物浸渍臭泥及各草木叶皆是粪也。

广泛使用有机肥料是明代的一大特点。绿肥和农产品加工的副产品也是当时的主要肥料，其中有棉籽饼、麻饼、豆饼、柏饼、麻饼、楂饼，还有酒糟、糖渣、豆渣、果子油渣、青靛渣、小麻油渣等。

制造堆肥的方法多种多样，如袁黄《宝坻劝农

袁黄 初名表，字坤仪，号了凡。嘉善魏塘镇人。1565年知县辟书院，令高材生从其受业。作为一位伟大的思想家，他在培养、发现和提拔人才方面做出了贡献，闪着耀眼的光辉。

■ 宋应星《天工开物》摘要

> **陈振龙**（约1543年—1619年），福建省长乐县人。乡试不第，遂弃儒从商，到吕宋岛，今菲律宾经商。见当地种有朱薯，耐旱易活，生熟可食，便不顾西班牙政府不许朱薯出口的禁令，将薯藤绞入吸水绳中，渡海带回福州。是我国引种番薯第一人。

书》记载："有踏粪法、有窖粪法、有蒸粪法、有酿粪法、有煨粪法、有煮粪法。"

明代继宋元之后在施肥方面已具有较系统的经验和理解。

一是认识到了肥料是决定作物产量的重要因素，概括出了"惜粪如惜金""粪田胜如买田"的农谚。认识到了施肥量"多寡量田肥瘠"；施肥还必须与深耕相结合，以避免肥料集中于土表而遭致流失或引起作物徒长。

二是农业专家发表的见解。徐光启在《农政全书》指出凡落叶腐草、沟泥和豆苗绿肥等皆能做肥料，改良土质，并有利于作物根系的生长，从而加强作物抗风兼耐水、旱的能力。并特别强调施用生泥对于冷浆田的好处。这是明人的又一宝贵见解。

袁黄《宝坻劝农书》也指出，对不同土壤要用不同肥料来加以改良，如用灰和浮沙改良紧土，用河泥改良缓土，用焚草和石灰改良寒土等。

《宝坻劝农书》还指出，基肥能改良土壤，追肥有滋苗的作用，说："化土则用粪于先，而瘠者以肥；滋苗则用粪于后，徒使苗枝畅茂而实不繁。"

除施肥改土的方法外，还有通过耕作来改良土壤。

■ 徐光启《农政全书》书影

在明代值得注意的,盐碱地的改良和利用。在我国历史上早就不乏化斥卤为良田的事例,但到明代以后,农民千方百计地找地种,盐碱地改良利用的意义就不同于过去了。

位于海河流域的曲周县农民为了求生,总结了多年探索的经验,采取了一些办法来改良和利用盐碱地:一是赶盐,在有水利条件的地方,用水冲刷,把盐赶走。二是压盐。在田里打围埝,蓄存雨水,用来压盐下沉。三是躲盐。通过耕作,切断土壤毛细管作用,减少蒸发,并施用有机肥来改善土壤结构,设法尽可能避开盐碱之害。四是挑沟筑岸,用造田来改良利用滨海盐碱地。

还有就是分布在陇中地区的石砂田,也源于明代。它是一种独特的改良利用土地的创造。砂田建设是先将土地深耕,施足底肥,耙平,墩实,然后在土面上铺上粗砂石和卵石或片石的混合体。

每铺一次可有效利用30年左右。以后再重新起砂、铺砂,实行更新。因砂石覆盖具有增温、保墒、保土、压碱的综合性能,砂田产量超过一般田地10%至50%。

明代中后期从海外引进了番薯、玉米、马铃薯三种粮食作物和花生、烟草两种经济作物。经过多年的

■ 徐光启(1562年—1633年),字子先,号玄扈,教名保禄,汉族,明朝南直隶松江府上海县人,我国明末数学家、农学家、政治家和军事家,官至礼部尚书、文渊阁大学士。赠太子太保、少保,谥文定。徐光启也是中西文化交流的先驱之一,是上海地区最早的天主教徒,被称为"圣教三柱石"之首。

> **黄省曾**（1490年—1546年），字勉之，号五岳山人。吴县，今江苏苏州人。明代学者。交游极广，王阳明讲学越东，往见执子弟礼，又请益于湛若水，学诗于李梦阳。长于农业与畜牧，诗作以华艳胜。

传播，这些都逐渐成为我国广泛栽培的重要作物。

番薯引进据说是福建长乐商朝人陈振龙于1593年从菲律宾带回薯蔓，在家乡试种，次年由福建巡按金学曾加以推广。

另据《东莞县志》和《电白县志》记载，大致在此同时，广东也从越南引进种薯。番薯引进一二十年后就已在闽、粤部分地区普遍栽培，并在救荒中起了一定作用。

徐光启是最早把番薯从岭南引种到长江流域来种植的人，并著有《甘薯疏》。黄河流域大约是在18世纪前期从福建和长江流域引种的。

玉米在我国广泛种植大约是17世纪中后期开始的，主要种在山区。18世纪中叶以后已相当普遍。

马铃薯，也叫洋芋、土豆、山药蛋。约在17世纪前期传入我国。1650年荷兰人斯特勒伊斯访问我国台

■徐光启访农图

湾,曾见到栽培的马铃薯,称之为"荷兰豆"。

19世纪中期以来,我国西南的云、贵、川和西北的山、陕都已广泛种植马铃薯。

花生过去一般人认为我国是直接或间接从南美洲传来的。最早记载花生的是江苏太湖地区的一些著作,如《常熟县志》《嘉定县志》和苏州人黄省曾写的《种芋法》。

19世纪后期美国大粒花生品种引种于上海和山东蓬莱。由于它的产量较高,逐渐代替了小粒种的地位。

明代黄河水车

烟草16世纪中后期至17世纪前期由两路传入我国。南线,自菲律宾传入。此外,还有自吕宋先传入澳门,再传入我国台湾。

由于传统选种技术的发展,培育新品种进度加快,因此这一时期作物品种相当丰富。如《天工开物》记述黍、稷、粱、粟的名称很多。尤其是稻品种特别多,质性有黏、不黏的;生育期长短有"五十日早""六十日稻""七十日即获"和"二百日方收获"者等。

形状有长芒、短芒、长粒、尖粒、圆顶、扁面的;米色有雪白、牙黄、大赤、半紫、杂黑不一;有品质特别好的"香稻米",还有"深水稻""咸水稻"等。水稻品种的多种多样和适应性较强,有利于种植品种的搭配,也为改进种植制度提供了条件。

明代农业种植较广的经济作物,首推棉花和桑树,江南和华北都形成了大面积植棉区,蚕桑业则集中在长江三角洲地区。福建、广东

明代鸭型瓷器

等地则利用温暖湿润的气候条件，大力发展甘蔗、荔枝、龙眼等经济作物的种植。颜料作物、油料作物以及茶树、花卉、果木、蔬菜、药材、烟草等也在各处因地制宜地发展起来

棉花的栽培方法有著名的"张五典种棉法"，这是总结民间植棉经验得出的新法。从棉花的制种、栽种气温、土壤选择、根株行距、田间管理、定苗锄耘、打叶掐尖等生产技术，在《农政全书》中都有科学的规定。

明代大田作物的无性繁殖技术也有发展和创造。如在番薯引进我国300多年的历史中，其无性繁殖技术，除藤蔓扦插外，还创造了从种薯育苗结合扦插到温床育苗的技术。

据文献记载，番薯主要有4种育苗繁殖方法，即露地自然育苗、越冬老蔓育苗、切块直播育苗和催芽畦种育苗。

明代由于商品经济的发展，大小城镇的纷纷兴起和扩大，刺激了园艺业的发展，促进了栽培技术的提高。果树栽培种类和品种增加，《农政全书》所著录的果树种类达40种，较元代《农桑辑要》和王祯《农书》所著录的20余种大大增加。

北方梨产区的主栽品种莱阳梨和秋白梨，以及上海水蜜桃都是在明代选育出来的。繁殖栽培技术在许多方面比起以前也有不少提高。

明代蔬菜种类的变化主要表现在白菜、萝卜开始成为主要的栽培菜蔬，再就是16世纪下半叶至17世纪下半叶，南瓜、辣椒、番茄、马铃薯、菜豆等南美原产的蔬菜以及球茎甘蓝引种到我国。

在明代，我国家畜家禽已有相当多的著名品种，如马，北方和西北有蒙古马和与之有血缘关系的西宁马、伊犁马、三河马、焉耆马等；西南则有四川建昌马、云南乌蒙马和贵州的水西马。牛有秦川牛、南阳牛。羊有湖羊、洮羊、蒙古羊、同羊、封羊等。

生长于岭南的猪，大者可长到二三百斤。这个猪种肉质细致，易瘦易肥，耐粗饲，繁殖力高，抗病力强，18世纪传入英国，与当地约克夏地方品种杂育成大约克夏猪。

鸡有辽阳鸡、矮鸡、泰和鸡、长鸣鸡、寿光鸡、九斤黄、狼山鸡。鸭有番鸭、北京鸭和淮鸭。

在家畜家禽饲养方面，有几种家禽的肥育法是很有特色的：

一是栈鸡易肥法。以油和面擀成指尖大块，日与十数食之，并将土硫黄研细，用匙许与硬饭拌而喂之，数日即肥。

二是栈鹅易肥法。与栈鸡相似，不同者在于须用砖盖成小屋放鹅在内，勿令转侧，门以木棒绑定，只令出头吃食。日喂三四次，夜多与食，勿令住口，只如此5日必肥。

明代黄河水车

三是填鸭法。在食用之前21日，白米做饭后，以盐花和之成团，做枣核状，每日喂食一团，至期宰食，其味鲜嫩无比。

明初，政府多次组织农民大规模兴修水利。广西的灵渠、四川的都江堰等，都曾在洪武年间先后修复。陕西洪渠堰疏浚后，可灌溉泾阳、三原、醴泉、高陵、临潼田200余里。宁夏卫所修渠道灌田数万顷。浙江定海、鄞县疏浚的东钱湖也能灌田数万顷。

1395年，全国府县计开塘堰近4.1万处，浚河4100多处，修陂渠堤岸5000多处。这对农业生产的恢复发展起了巨大的作用。

在灌溉技术方面，徐光启针对北方农业少水干旱的特点，利用一种仿制的"龙尾车"取水，据说"物省而不烦，用力少而得水多。其大者一器所出若决渠焉，累接而上，可使在山，是不忧高田"。

距离河数十里的稻田、棉田、菜地皆可得到灌溉，比笨重的旧式水车效率大增。"龙尾车"是一种比较先进的机械法引水工具。利用活塞汲水的机械压水工具，所谓"玉衡车"，也同时引进。

明代九边地形图

《天工开物》书影

明代的农业发达地区逐渐摆脱单一农业生产的经营方式,利用农产品商品化和商品市场的扩大等条件,进行多种经营,这种经营方式促进了当时农业生产水平的提高。

当时吴人谭晓、谭照两兄弟,看到当地湖田多洼芜,且被人遗弃的田地甚多等现象,就以低价买入,并利用当地贱价的劳动力,进行土地改良,洼地养鱼,高地围堰造田。这是一种较高水平的经营模式,既提高了农业生产水平,又获得了副业的高收益。

谭氏兄弟的经营方式,在当时江南经济发达地区并不是偶然的或例外的方式,而是比较普遍的现象。这类活动本身,其商业意义已经很明显了。

阅读链接

徐光启小时候进学堂读书,就很留心观察周围的农事,对农业生产有着浓厚的兴趣。20岁考中秀才以后,他在家乡和广东、广西教书,白天给学生上课,晚上常常默对孤灯,广泛阅读古代的农书,钻研农业生产技术。

由于农业生产同天文历法、水利工程的关系非常密切,而天文历法、水利工程又离不开数学,他又进一步博览古代的天文历法、水利和数学著作。

长期的努力使他在农业研究方面取得了成就,著成《农政全书》等。

明代屯田制度与庄田

明代处于我国封建社会的晚期。这时期,全国的土地分为军屯、民屯和商屯,包括军垦田,地主所有的土地,自耕农所有的土地,此外还有皇庄、藩王占地和国家储备用地等。

在明代末年,正值我国历史上的第二次小冰河时期,这时期的自然灾害达到高峰,明代的土地兼并日益膨胀,土地法制已经无从谈起。

明代的土地制度和其他典章制度一样,多因袭前代的旧制。当然也有自己的一些显著改进,显示出鲜明的时代特征,推进了农业的大发展。

■ 明成祖朱棣

1368年，明太祖朱元璋命军队诸将种植滁州、和州、庐州、凤阳等土地。凡开立屯所，各设都指挥一员统领。

此后，他一方面反复告谕全军将士开展屯田的重要意义，要求他们从思想上明确，在行动上落实，务求实效；另一方面不断下令军队走出兵营，到边区和人烟稀少的地方开垦荒地，力争军粮自给，减少百姓负担。

明太祖还一再遣将四出，到屯田第一线严加督责。于是，从东到西，自北而南，都在兴屯种田。洪武时军队屯田总计89万余顷。

■ 万历平播钟

永乐帝即位以后，令五军都督府及卫所遵洪武旧制，继续大力命军兴屯，开垦土地，发展生产。令年终奏报屯田所入之数，以稽勤怠。从而使军屯之制在永乐朝得以坚持下去。屯田总计90余万顷。

明代军屯，集中于边区，尤其是辽东、蓟州、宣府、大同、榆林、宁夏、甘肃、太原、固原等9个边陲要地，史称"九边"。这9个军事重镇，既是重兵固守的要地，也是军屯的重点地区。

1404年，明政府定屯田官军赏罚条例，多者赏钞，缺者罚俸。并对洪武时创立的屯田布告牌重加详定，令每屯设立红牌一面，列则例于上。

永乐帝（1360年—1424年），即明成祖朱棣，明代第三位皇帝。1402年登基，改元永乐。他五次亲征蒙古，多次派郑和下西洋，编修《永乐大典》，疏浚大运河，迁都北京。在位期间经济繁荣、国力强盛，史称"永乐盛世"。

■ 坤舆万国全图

> **知州** 我国古代官名。宋以朝臣充任各州长官，称"权知某军州事"，简称知州。"权知"意为暂时主管，"军"指该地厢军，"州"指民政。明清以知州为正式官名，为各州行政长官。直隶州知州地位与知府平行，隶属于省，可以辖县。散州知州地位相当于知县，隶属于府、道，不辖县，长官均称知州。知州一般是从五品文职官员。

明代在实施屯田的过程中，首先强调军屯，并且在实施军屯的同时，发展民屯作为辅助。民屯之兴始于1370年，朱元璋接受郑州知州苏琦建议，决定移民垦田。明初轰轰烈烈的民屯就开始了。

明初民屯的中央高级管理机构为司农司，地方基层组织为里社制。当时的民屯有三种形式，即移民、招募和罪徙。

明初移民不仅有从南方移到北方，也有从北方移到中原、黄河南北的，还有从少数民族地区移到内地的。移民数量庞大，如徐达所徙的沙漠遗民，以每户五口计，就有十五六万人。这是因战争关系而被迁徙的例外情况。

从洪武至永乐年间，徙民屯田的数目，共有23.26万余户，如果每户以5口计，就有116万余人，恐怕实际数还不止于此。

此外，移民次数也不少，洪武朝大规模徙民就有15次，永乐以后，才逐渐减少，宣德以来，就没有徙民的事了。

明政府对应募的人,采取奖赏办法,如1393年,山西沁州民张从整等116户,告愿应募屯田。户部分田给张从整,又令他回沁州招募居民,然后往北平、山东、河南旷土之处耕种。当时,招募民人屯田的组织和移民一样,设有佐贰官员主持,仿地方里甲制度进行组织。

罪徙屯田是明代对犯法的人实行的屯田。罪徙屯田,主要集中弃凤阳、泗州和荒地较多的边区。

明代民屯的设置,是作为军屯的补充形式。民屯的推行促进了明初社会经济的恢复和发展,同时也成为国家重要的经济来源。

与民屯、军屯同时进行的,还有商屯。从总体上说,商屯是为了满足军需,但出发点各有不同。推行民屯是为了解决民食,推行军屯是为了解决边区及内地军队的粮饷。而推行商屯,目标则比较单一,就是

> **徐达**(1332年—1385年),字天德,濠州钟离,今安徽凤阳人。明朝开国军事统帅。初朱元璋为郭子兴部将,往归之。从南略定远,取和州。渡江拔采石取太平,皆为军锋之冠,以大将统兵征战。后为左相国,拜大将军。洪武初累官中书右丞相,封魏国公,追封中山王。

■明代推行屯田场景

为了资助边境军粮。

商屯也称"盐屯",是盐商为便于边境纳粮换取盐引而进行的屯垦。根据政府的需要,除用粮米换取盐引之外,有时也可用布绢、银钱、马匹等换取,但以粮换取是主要形式。

明初商屯东至辽东,北至宣大,西至甘肃,南至交趾,各处都有,其兴盛对边防军粮储备以及开发边疆地区有一定作用。

庄田是明代土田之制的有机组成部分。明代的庄田种类很多,有皇庄、诸王庄田、公主庄田、勋戚庄田、大臣庄田、中官即太监庄田、寺观庄田等。其中,于国计民生影响最大的是皇庄、诸王庄田、勋戚庄田和中官庄田。

皇庄,即由皇室直接命太监经营,并以其租入归皇室所有的田地。它是皇家的私产,是皇帝制度的产物。

皇庄在我国已有长久的历史,汉代称"苑",唐代称"宫庄"。明代起初亦称"宫庄",最早建于永乐末年,地点在顺天府丰润县境内,名为仁寿宫庄。宣德时,又陆续建立清宁宫庄和未央宫庄。

1459年,因诸王尚未进居封地,宫中供用浩繁,明英宗设立昌平县汤山庄、三河县白塔庄、朝阳门外四号厂宫庄为皇太子朱见深的东宫庄田;北京西直门外新庄村并果园、固安县张华里庄为朱见潾的德王庄田;德胜门外伯颜庄、鹰坊庄和安定门外北庄为朱见澍的秀王庄田。

■ 明英宗(1427年—1464年),就是朱祁镇,明朝第六位皇帝。他在位期间,继续推行仁宣朝各项政策,社会经济有所发展。后宠信太监王振,王振广植朋党,遂启明代宦官专权之端。他自己也深受其害。

明宪宗继位以后，将原先朝廷所没收的太监曹吉祥的庄田改为皇庄。明代皇庄之名，由此开始。

诸王庄田，即王府庄田，它的产生缘起于明朝的分封制度。从1370年起，相继选择名城大都，正式分封诸子为亲王。因为古时称封建王朝分封的地为"藩"，称分封之地为"藩国"，所以人们又称亲王为"藩王"、王府为"藩府"。由明太祖、明成祖至明神宗12帝，封亲王55国。亲王嫡长子嗣位为王者，凡321人。

■明代城楼模型

勋戚庄田和中官庄田的性质与王府庄田无异，都是为了侵夺国家税粮。勋戚即勋臣和皇亲国戚。中官庄田为太监而设。除上述皇庄、王府庄田、勋戚及中官庄田之外，明代还有为数不少的公主庄田、大臣庄田和寺观庄田。

阅读链接

明成祖朱棣非常重视社会经济的恢复与发展，认为"家给人足""斯民小康"是天下治平的根本。

他大力发展和完善军事屯田制度和盐商开中则例，保证军粮和边饷的供给。派夏原吉治水江南，疏浚吴淞。在中原各地鼓励垦种荒闲田地，实行迁民宽乡、督民耕作等制度以促进农业生产，并颁布蠲免赈济等措施，防止农民破产，保证了赋役的征派。

通过这些措施，永乐时"赋入盈羡"，政治稳定，经济繁荣，达到有明一代最高峰。朱棣被后世称为"永乐大帝"。

清代农业技术及农学

清朝是我国历史上最后一个封建王朝。清政府采取了很多措施来提高农业生产率，不过清朝的农业发展还是比较缓慢的。

清朝农业在农具的使用、农田水利的建设、耕地技术和柞蚕放养技术的改进、作物构成、施肥和病虫害防治以及植树造林等方面，都有些局部的改进和提高，体现了时代的特点。

清代的农学著作有100多部，这些农学成果对后世产生了重要影响。

■ 康熙皇帝

清代人口大增，乾隆时期已达3亿，这就需要粮食作物的产量更加提升。在清政府鼓励发展生产的政策下，清代农业的生产工具、水利建设、耕地技术及植树造林等方面较之前代有所发展。

清代出现了一种深耕犁，有大犁、小犁和坚重犁之别。深耕犁的发展，反映了耕作技术的提高。小型农具在清代进一步完善，如稻田整地灭茬的农具辊轴，作用是把田间杂草和秧苗同时滚压入泥，过宿之后，秧苗长出，而草则不能起。

贵州遵义一带有一种名为"秧马"的农具，其形制和作用，与宋元时记述的秧马不同，而类似辊轴，用以掩杀绿肥和杂草。以上农具在双季稻地区作用尤为明显。

■ 清代杵臼

塍铲、塍刀是清代南方丘陵地区水田作业的两种农具，用以整治田埂。这种农具灵巧轻便，能提高作业速度和质量。

清代有一种水稻除虫工具，灭虫效果很好。适用于北方旱作地区的一种中耕除草工具漏锄，其特点是锄地不翻土，锄过之后土地平整，有利于保墒，而且使用轻便。

清代的农田水利工程一般是以水道疏浚为主。1570年，经海瑞主持的一次水利工程后，吴淞江下游

海瑞（1515年—1587年），字汝贤，号刚峰，广东琼山，今属海南人。明朝著名清官。海瑞一生清贫，抑制豪强，安抚穷困百姓。曾组织整修吴淞江、白茆河，通流入海，百姓得到了兴修水利的好处。

清代农具镰刀

基本形成今天的流向。清时为便于节制黄浦江，在江口建大闸一座。

京都周围附近地区的农田水利工程，自元以后时举时废。1725年，京都附近发生特大水灾，清政府曾用较大力量兴修水利，农田水利有较大发展，公私合计先后垦出稻田59.7万多亩，并分设京东、京西、京南和京津四局加以管理。

到乾隆时，因为南北自然条件不同，北方水少，且过去所办水利收效不大，所以明令禁止以后再在京都周围从事水利营田。

整个清代农田水利是向小型化方面发展。康熙时，有专家力主在陕西凿井防旱，并指出应该注意的一些技术问题。河北、河南、山西、陕西等地利用地下水凿井灌田，蔚然成风。

河北井灌和植棉有关，植棉必先凿井，一井可灌溉棉田40亩。山西省蒲州和陕西省富平、澄城等地由于地形、地质不同，井水量大小不同，每井灌溉田地数量也不同。水车大井和一般大井每井可灌田20亩，橘槔井可灌六七亩，辘轳井可灌二三亩。

南方井灌较少，但利用山泉灌溉种稻却较普遍，闽、浙、两广、云贵、四川等地，随处都有蓄储涌泉或壅积谷泉的塘堰。

山泉来自高处，便于引流灌溉，为了合理用水并减缓冲击，人们就在下流修筑塘堰加以蓄存，并用栅、闸以及瓦窦、阴沟等启闭宣泄,再随时引入田。

当田面高于山泉,除了筑堰壅水外,还用筒车来提水灌田。在山泉为叠岭涧壑所限时,则用竹筒,架槽来渡越,使山泉能从上而下,由近及远地使用,大大提高了泉水灌溉效益。北方各省也有引用泉水灌溉的,但总的面积不大。

在具体耕作技术的基础上,杨屾的《知本提纲·农则》概括出农业生产的一般耕作程序和一环套一环的原则:耕垦、栽种、耘锄、收获、园圃、粪壤、灌溉之次第,如果能一一详明,自然善于耕稼,产出倍增。这七项是《知本提纲·农则》讨论耕稼的内容。

前四项为粮食作物生产的4个环节,园圃为农家不可偏废的生产项目,最后两者则为粮食作物和园圃生

> 杨屾(1687年—1785年或1794年),字双山,陕西兴平人。清朝鼎盛时期的农学家,一生重视农业和农业技术教育,长期从事农业职业技术教育,办学规范,成绩卓然,是我国古代杰出的农业教育家。

■ 清代市井图

产共同应该注意的环节。并指出一个环节要紧扣另一个环节,对每一环节还提出了质量要求。对播种、田间管理、收获等也同样提出了要求。

掌握技术关键是农业生产中应予以重视的又一原则。当时的农学著作中记载了不少农谚资料,提出了播种时期、前后作的关系、耕地深度、操作时间等问题,对实际生产有很大指导意义。

如说"小满花,不到家",意思是棉花迟种则不收;"荞麦见豆,外甥见舅",意思是去年种荞麦之地今年不宜种豆;还有"麦子犁深,一团皆根;小豆犁浅,不如不点""天旱锄田,雨潦浇园";等等。

当时的农学家认为北方的生产技术关键是"粪多水勤";南方则是"深耕""早种"等。

土壤耕作是农业生产首要的一个环节,《知本提纲·农则》已有系统认识,指出前作物收获后,土壤板结,通气不良,经过耕耙和风化作用,板结状况可以改变;但"日烈风燥",水分又损失过多,因之必须"雨泽井灌"补充水分,土壤经过这样的耕作使水、肥、气、

农业理论的探索

清代农具砻谷机

热达到协调程度,才对作物生长有发育之功。

耕地技术在清代已达到相当完善的地步。北方旱地土壤耕作不论夏耕或秋耕都形成了一套完整的耕作法,即浅、深、浅。

《知本提纲·农则》概括了这一耕法:

> 初耕宜浅,破皮掩草;次耕渐深,见泥除根;转耕勿动生土,频耖毋留纤草。

南方水田耕作技术的进展表现在两方面:一是深复耕。深耕在明、清时通常都在八九寸,不超过一尺。二是冻土晒垡。即将表土翻挖,熟化土壤。

清代农作物保持着传统的稻麦和杂粮等,自明代中期玉米、番薯等新作物引进后,对我国作物结构产生很大影响。

玉米引进后,清代中、后期推广普及较快,到1840年第一次鸦片

■ 清代农具木斗

战争前，基本上已在全国范围内得到了传播，尤其在云、贵、川、陕、两湖、皖、浙等省山区种植更为普遍，甚至在粮食作物中渐占主导地位。

番薯至道光年间已在各地普遍栽种，并逐渐成为我国的主要辅助粮食之一。明代引进的马铃薯在清代也被广泛种植。

清代商品经济的发展，新作物的引进与广泛传播，人口的繁衍，特别是进入18世纪以后，我国人口不断大幅度的增长，大大增加了对粮食的需求，因而也促进了清代多熟制的迅速发展。在当时，"一岁数收"具有提高单位面积年产量的积极意义。

18世纪中叶以后，我国北方除一年一熟的地区外，山东、河北、陕西的关中地区已经较为普遍的实行三年四熟或两年三熟制。南方长江流域一般一年两熟，再往南可以一年三熟。

自实行复种制，周年之内的种植和收获次数就有了增加，而从始用于蔬菜生产中的间作、套种等技术运用于大田生产后，"一岁数收"的多熟种植技术逐渐提高，农作制也相应地更加复杂化了。其中，套种是解决多熟种植的关键技术。

套种的原则，一是除主种作物外，套种作物应选择生长期比较短，相互间有亲和力的作物，经济作物

> **中秋节** 我国传统节日，为每年农历八月十五，传说是为了纪念嫦娥奔月。"中秋"一词，最早见于《周礼》。根据我国古代历法，一年有四季，每季三个月，分别被称为孟月、仲月、季月三部分，因此秋季的第二月叫仲秋，又因农历八月十五日，在八月中旬，故称"中秋"。到唐朝初年，中秋节才成为固定的节日。中秋节一般有吃月饼、赏月的习俗。

和蔬菜都可以参加进去；二是通过套种争取多收，最主要的技术措施就是要多施肥料。此外，桑间、果间，通过间作、套种、复种等技术，也可增加种植和收获次数。

有的地区为了解决上、下两熟作物收获和播种季节上的矛盾，清代创造发明了几种特殊的栽培技术。这些技术至今在农村中仍有沿用的。

■清代农具耧斗

一是小麦移栽法。小麦人工移栽始于何时，尚无明确的文献可证。但到明末清初，对小麦育苗移栽的时间、方法等已有较详细的记述。

有人认为农历八月初，先下麦种。张履祥在《补农书》中进一步指出：

> 中秋前下麦子于高地，获稻毕，移秧于田，使备秋气。虽遇霜雨妨场功，过小雪以种无伤。

张履祥（1611年—1674年），字考夫，号念芝、杨园。浙江桐乡人，世居清风乡炉镇杨园村，今属桐乡市龙翔街道杨园村，故学者称杨园先生。明末清初著名理学家，清朱子学的倡导者。

■石制农具碌碡

《知本提纲·农则》指出：麦苗等皆宜先栽后浇，如水中栽，就不发旺，每科栽亩十余根，行株距4寸左右，而且要纵横排直成行，以便中耕、壅根、除草和通风透光，这样就能"苗盛而所获必多"。

小麦移栽不仅可以克服晚稻晚收和冬麦早播季节上的矛盾，而且可以减轻或避免虫害、节省种子和使茎秆粗壮不易倒伏。

冬月种谷法。此法是针对秋季因某些原因而错过种麦时期所采取的一种补救方法，使农民在麦季无收的情况下仍可以收到早谷子。

河南有些地方农民冬月种谷的方法是，于冬至或冬至前一天直接把谷种播入田中，结果和在瓮内埋入土中处理14天没有差别。

北方旱地抢墒播种。我国北方旱地由于春旱或秋旱影响而不能及时整地下种。针对这种不利自然条件，农民创造和积累了不少抢墒播种和抗旱播种的经验。清代农书中记载的方法有：趁墒种麦；抢墒种豆，留茬肥田；晚谷播种；干土寄子。

趁墒种麦的方法，即在秋茬地上种麦，如果有秋旱趋势，必须抢

■ 清代农具独轮车

墒下种等雨，不能等雨再种。

抢墒种豆，留茬肥田的方法，即在小麦收割后，于麦茬行间开沟种豆，这样既可利用麦茬护苗，又可利用残茬肥田。此书还提出且割麦且种豆的办法。

晚谷播种办法是，在麦收后浅耕灭茬，即先耪一遍，然后骑垄种之，但断不可耕垄，以免耕后跑墒。

干土寄子抗旱播种法也是农书中提出的。北方旱地夏收夏种季节，如雨水不及时，可采取抗旱保墒的措施以适时播种。干土寄子办法是，实在无雨，将前墒过之地，或用耧，或用撒，干种在

清代农具掼槽

地内候雨。干土寄子法的优点在于比雨后才播种的出苗要早。

清代对通过施肥来提高单位面积产量的认识更深刻了，如《知本提纲》提出了"垦田莫若粪田"之说。

施肥经验进一步丰富的表现，一是积肥方面，要多施肥就必须多积肥，肥料种类和来源比以前增加和扩大了许多。《知本提纲》将它们分为10类，称为"酿造十法"，也就是积肥的10种方法：

　　　曰人粪、曰牲畜粪、曰草粪、曰火粪、曰泥粪、曰骨蛤灰粪、曰苗粪、曰渣粪、曰黑豆粪、曰皮毛粪。

并分别记述了积制方法和效果。就农家粪肥而言，这10大类已是无所不包了。

还有对肥效的体验进一步加深。《知本提纲·农则》在介绍"酿

造十法"中对粪肥等级所表达的方式：一种是用"可肥美""可肥田""可强盛"的词语；另一种是"一等粪""肥盛于诸粪""最能肥田""更胜于油渣""沃田极美"等字句，也反映出农民体会到这些肥料在肥效上有差

石磨盘

别。只有肥料种类增多，人们在使用中通过比较试验，才会体会到它们的肥效不同。

在施肥技术上，清以前对施肥的时间、不同土壤应施哪些不同的肥料以及哪种作物最需要哪类肥料，即所谓施肥中的"三宜"问题已有所论述，但到清代通过《知本提纲·农则》一书的总结，使人们对施肥"三宜"的认识就更为明确系统了。

清代农具圆斗

所谓"时宜者，寒热不同，各应其候"，即在不同时期，施用种类不同的肥料；所谓"土宜者，气脉不一，美恶不同，随土用粪，如因病下药"，就是说对不同的土壤，施用不同的肥料，以达到改良土壤的目的；所谓"物宜者，物性不齐，当随其情"，即对不同作物施以适合的粪肥。

清代对作物虫害的防治比较重视，认识到害虫不是神虫，而是

"凶荒之媒,饥馑之由",必须消灭之。在虫害防治技术上,也汇集前人经验并加以发展:

首先是人工防治。如蝗螂、豆虫、蚜蚄之类用人工加以捕打,或用炬火驱逐。

其次是药物防治。清时采用的灭虫药有砒霜、烟草水、青鱼头粉、柏油、芥子末等。蒲松龄的《农桑经》记载说种谷"用信乾""信乾"就是用砒霜和谷子煮透晒干制成的毒饵。

再次是农业防治。比如耕翻冬沤,调节田间温湿度,轮作换茬,合理间作,种子处理,选育抗虫品种,调节播植时间,中耕除草等。

最后是生物防治。岭南地区用蚁防治柑橘害虫,当地人把大蚁连窠采归饲养,果农则向养蚁人买来放养于柑橘、柠檬等果树上。

果农们还创造了在树与树之间用藤竹、绳索沟通引渡,以便大蚁在各树之间交通往来的方法。此外,

> **蒲松龄**(1640年—1715年),字留仙,别号柳泉居士,世称聊斋先生,自称异史氏,山东淄川人,今属山东淄博。出身没落地主家庭,一生热衷科举,71岁时才破例补为贡生,因此对科举制度的不合理深有感触。清代小说家,被誉为"中国短篇小说之王"。创作出著名的文言文短篇小说集《聊斋志异》。

■ 八盘磨模型

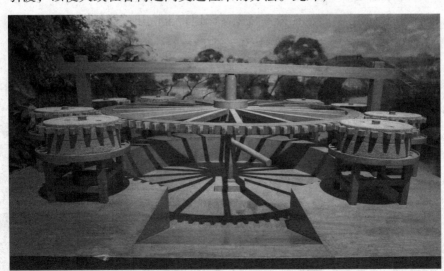

祁寯藻（1793年—1866年），字叔颖，一字淳甫，避讳改实甫，号春圃、息翁，山西寿阳人。清朝大臣，三代帝师。1814年进士，由庶吉士授编修，累官至体仁阁大学士、太子太保。谥号"文端"。

冯绣 河南淇县禀生。他是试种区田成功的范例，所有的耕地在光绪年间已扩大至30亩，又赁地30亩，打大井一口，置汲水机器一台，修建房屋5间，砌积粪池3个，规模在8年之内扩大了3倍多。

■ 古代纺纱模拟图

四川临江的果农也买蚁防治柑橘害虫。

作物病害，到清代逐渐被人们所注意，农书中有关记载多了起来，如祁寯藻《马首农言》中就有"五谷病"一章。

用药物治病，直到清末的冯绣《区田试种实验图说》中才介绍了"用雪水、盐水浸种"和"用黑矾当作肥田料"以防治霉病之法。

清代记载涉及植树造林材料的书约有40种。这些著作反映了当时的植树造林技术，不过其中大部分是关于果树的，一般林木仅有片断零星的记述，但由此也可窥见其概貌。

一是育苗造林。首先必须采收成熟树种。成熟的种子，含水量较低，贮藏不易发热腐烂。成熟种子用来育苗发芽率较高。什么树的种子，何时成熟而应该采种，清代人们已积累了丰富的经验。

二是转垛法造林。于霜降后到春初树木尚未发芽前，在根旁又宽又深地将土挖开，再从树根侧面斜伸

农具滚耙

下去截断主根,保留四周侧根,刨成一个圆形的根盘;然后在掘开处仍把土盖上筑实。

不太大的树掘断主根一年后即可移栽,很大的树要经过3年。每年掘树根的一面,最后把树起出,用稻草绳捆扎根盘,以固定泥土。

此时暂勿移动,掘土处仍用松土填满,并用肥水浇灌,待至明年二月,运到预定地点栽种。这种方法因准备工作经过时间长,操作又十分细致,因而树木移植后成活率就比较高。

三是插条造林。这一方法无须培育种苗,方法简单易行。扦插的插穗,在清以前的农书中一般都说在早春季节采取插穗。但清代有的农学家认为初冬时枝条中含有养分比较充足,

我国是世界上生产柞蚕茧最多的国家,也是人工放养柞蚕最早的国家。明末清初,我国的柞蚕放养技术已逐步进入成熟的阶段,但到乾隆初年才有论述放养柞蚕技术的专书问世。根据清代一些著作来看,柞蚕的放养有两种:一是放养春蚕;一是放养秋蚕,两者放养法基本上近似。

春蚕的放养,首先是选择种茧,选出优茧作为种茧,并按雄雌为100与110或120之比穿成茧串,送温室进行暖茧。"暖茧"系为促使种

茧适时羽化而采取的措施。

在暖茧的三四十天里，什么阶段应升温，什么时间温度应保持平稳，又要随着自然气温的变化而调节。这是柞蚕放养技术上的一大进步。因为暖茧工作必须有丰富经验，所以清代有些蚕农以暖茧为职业，开设"烘房"和"蛾房"。

关于放养蚁蚕采用的"河滩养蚁法"，清代中叶以前就有了。其法是在"活水河边"

古代纺车

的沙滩上开挖浅水沟，把从柞树上摘下的嫩柞枝密插沟内，用沙培壅，这样柞枝几天内不致萎蔫。然后将蚁蚕引上柞枝。

"剪移"是放养柞蚕中的一项重要工作。即蚕儿将柞叶吃到一定程度时，或因叶质老硬，蚕儿厌食时，把柞枝连蚕剪下，转移到另一柞场的柞枝上去。

从蚁蚕上树到结茧，一般要移蚕六七次。蚕儿渐老熟，开始移入窝茧场。采收的春茧准备作种用的，经挑选后，穿成茧串，挂在透风凉爽而日光直射不到之处，以待制种，放养秋蚕。

蚕农在实践中认识到蚕病是要传染的，所以特别强调蛾筐等工具每年都须用新制的。他们又发现改善蚕儿生活条件，可以减少蚕病的发生，所以特别注意保种、保卵和加强饲养管理。

对危害柞蚕的虫蚁，采用人工捕杀和用红矾、白砒等做成毒饵诱杀。为了驱散或捕杀为害柞蚕的鸟兽，蚕农们还创造了一些捕杀工具，如霹、机竿、排套、网罩、鸟枪、鸟铳等。总之，放养期间，蚕农们十分辛苦。

清代的农书有100多部，尤以康熙、雍正两朝为繁盛。大型综合性农书仅有一部《授时通考》，是1737年由皇帝弘历召集一班文人编纂的。全书规模比《农政全书》稍小。因是皇帝敕撰的官书，各省大都有复刻，流传很广，国际上也颇有声名。

《授时通考》全书布局，依次分为：天时、土宜、谷种、功作、劝课、蓄聚、农余、蚕桑八门。该书把天时、地利的因素和"劝课"提到了空前高度，成为主题所在，而生产技术知识却退列附从地位。

全书引用的书籍总数达到427种，远远超过了《农政全书》，但作为农书的意义来说，没有作者的亲身体会，也没有什么特殊的新材料。

从清初到道光时，专门讨论一个小地区农业生产特点和技术，而由私人著作的小型农书出现不少。如专论河北省泽地农业的吴邦庆的《泽农要录》、山西祁寯藻的《马首农言》、陕西杨屾的《知本提纲·农则》和《修齐直指》等，都是根据地区需要和特点写成的，在当地有较大的生产指导意义。

清中叶以前曾出现了多种专论某种作物、蚕桑或兽医的专业农书，其中有《棉花图》《金

> **吴邦庆**（1765年—1848年），字霁峰，顺天霸州人。清朝官吏。以拔贡官昌黎训导。嘉庆元年，成进士，选庶吉士，授编修，迁御史。巡视东漕，奏请重浚运河，并复山东春兑春开旧制。数论河漕事，多被采用。

■ 清代农具钩镰模型

■ 清代农具禾叉模型

薯传习录》《养耕集》《抱犊集》等。

花谱、果谱的种类更多，比较有名的两种花谱，一是《秘传花镜》，一般称之为《花镜》，流传较广，作者陈淏子。

全书共分花历新栽，课花18法，花木类考3个主要部分。书中内容有不少是作者自己的心得和询问得来的经验，甚至有"树艺经验良法，非徒采纸上陈言"的第一手记录。

1708年，康熙帝下令组织一班大臣将明代《二如亭群芳谱》改编成为100卷的《广群芳谱》。这部书内容庞杂，体裁也有所改进，但农业生产意义不大。

阅读链接

蒲松龄知识渊博，通晓中药，熟知医理，对农业和茶事深有研究。他在自己的住宅旁开辟了一个药圃，种了不少中药，其中有菊和桑。

他广泛收集民间药方，在此基础上调制成一种药茶兼备的菊桑茶，既可以止渴，又能健身治病。

蒲松龄就是用这种药茶泡茶，在家乡柳泉设了一个茅草亭，为过往行人义务供茶，路人喝茶时，他就请饮茶者讲故事和见闻。

他的《聊斋志异》中有490多篇小说，多是经由这样的方式搜集的素材。

清代土地制度的演进

清军在入关以后,土地制度实行"法明"政策,就是承认明王朝的土地所有制,并稳定和保护这种所有制,这是清代基本的土地政策。

但清代对民田、庄田以屯田这三种土地存在形式的政策也有不少变化。

这些土地政策的实行,使清初耕地的面积逐年增长,不仅增加了税赋收入,而且稳定了整个社会秩序,并为康乾盛世的出现奠定了基础。

■雍正皇帝

> **摊丁入亩** 清朝政府将历代相沿的丁银并入田赋征收的一种赋税制度。它是我国封建社会后期赋役制度的一次重要改革。源于康熙、雍正、乾隆年间普遍实行。其主要内容为废除人头税,此后我国人口迅速增长,客观上是对最底层农民人身控制的放松。

清代继承历史久远的大土地所有制度,承认和保护明代土地所有制,恢复明代的地主土地所有,基本保留明代土地分类制度,沿袭了明代赋税制度,并对原有的民田采取地租"摊丁入亩"的形式进行管理。

民田属于私有制范畴。所谓民田,是掌握在地主和自耕农或半自耕农手里升科纳税的田地。清代这类土地占全国耕地面积地百分之七八十以上。这类民田在立法上是可以买卖的。

地主所有土地包括大中小地主所有的土地。其大体来自封建官府的赏赐,土地兼并,工商业者购买的土地及其他途径和方式。

清代地主大量垄断土地,失去土地的农民不得不租种地主的田地。地主对佃农采取土地出租的形式进行,地租有正租、附加租、押租与预租。

清政府为了保证国家财政的稳定,采取了"摊丁入亩"政策,国家不再向农民直接征收丁银,而向地主征收。此政策的实行完全取消以往的"人头税",进一步使封建社会后期的人身依附关系趋于松弛,有助于社会生产力的发展。

农民所有土地,即自耕农或半自耕农占有的小块土地。其大体来自承袭留传下来的土地,清初实

■ 清代农具方耙模型

行招民垦荒复业而得到的小块土地，农民占据的前明藩王的庄田，以及农民赴边疆垦荒形成的小土地所有等。

自耕农或半自耕农是清代的赋役来源，清政府采取将他们固定在小块土地上的措施，收取轻徭薄赋，有利于自耕农的发展。

随着清代封建国家发展财政需要的扩大，薄役政策是很难常久实施的，再则随着社会经济的发展，土地兼并日益严重，大量自耕农又失地破产而转化为佃农。如此可说，自耕农或半自耕农的发展与减少，在很大程度上取决于土地兼并之风的削弱与盛行。

■清代农具石砘模型

在清代的民田范畴内，除了地主占有的土地和农民占有的土地，还有两种土地占有形式，这就是学田和祭田。

学田即专用于办学经费开支的田地，如中央直属的国子监，以及各省府州县设置的书院等，均拨给一定数量的学田，以其租佃所得，供办学费用。据1753年统计，全国共计有学田1.15万多顷。

祭田就是作为祭祀古圣先贤庙、墓、祠堂之用的田地，凡京师坛、遗官地及天下社稷、山川、历坛、文庙、祠墓、寺观等祭田，均包括在内。

人头税 在自给自足的自然经济中，政府从农民身上取得财政收入的主要渠道有两条：一是按田亩计征的税，即土地税；一是按人头计征的税，即人头税。我国古代曾经有过人头税的征收的例子。在清雍正帝在位时，"摊丁入亩"正式取消人头税。

清代的庄田制，是在封建地主土地所有制基础上出现的领主制，是土地私有制的另一种形式。它和明代一样，也是最初作为国有土地赐予亲王、贵族，后来随着经济发展，其性质产生变化，逐渐变成私有土地。

清代庄田的来源主要是通过"跑马圈地"获得，然后朝廷将之分配，子孙承袭制。圈地令是清初满洲贵族入关采取的一项土地政策。从164年顺治帝颁布圈地指令开始。

■ 清代农具模型

盛京 清代前身后金的都城，即今辽宁省沈阳市。1625年清太祖把都城从辽阳迁到沈阳，并在沈阳城内着手修建皇宫。1634年清太宗皇太极改称沈阳为"盛京"。1644年清朝迁都北京后，沈阳为陪都。1657年清朝以"奉天承运"之意在沈阳设奉天府，沈阳又名"奉天"。

当时的圈地主要有3种形式：一是将近京肥沃土地圈给清贵族，另外圈山海关以外的土地让农民耕种，叫"圈补"。二是圈占地离京太远或碱盐不毛之地，来补还近京被圈农民，叫"换地"。三是凡明王室所遗留皇庄各州县的无主荒田，一律划归满洲贵族和八旗官兵所有，叫"圈占"。

政府将这些圈占的土地分给王公贵族，实行庄田制。其庄田分为皇室庄田、宗室庄田和八旗庄田。

皇室庄田是清代皇帝占有的土地，简称皇庄，直属内务府。皇庄大都集中在京都周围、锦州、热河等地。据《大清会典》记载，皇庄共达1000多处，土地面积达3.57万多顷。

皇庄按庄设置庄头，配置"壮丁"，又有汉人的"投充户"。管理并使役农民为其耕作，庄头的职务是世袭的，对佃农有任免权。庄头向佃农收取的地租，除按一定比例交内务府外，其余为其私人所得。庄头也是地主或二地主。

宗室庄田是清代皇帝赏赐给王公、贵族的土地。据《大清会典》记载，宗室庄田共有1700多所，土地面积共有13万余顷。其管理方法大体像皇室庄田。

八旗庄田是分给旗籍兵丁，即满洲八旗、蒙古八旗和汉军八旗成员的庄田，作为八旗兵丁在职时的衣食之资。八旗庄田是不纳税的土地。据《大清会典》记载，八旗庄田的土地面积为14万多顷。

此外，尚有类似八旗庄田的驻防庄田，分布在京都周围和盛京，另外各省负责警备的旗人占地面积也不少。

清代还有一项土地政策，这就是奖励垦荒，将奖励屯田开荒作为一项重要的国策。

1644年，顺治帝定开垦荒地条例，规定凡州县卫所荒地，分给流民及官兵屯种，有主者令原主开垦，3年起科。

1687年，又颁布了垦荒的劝惩条例，内容大致为：督、抚官员，一年内主持开垦2000顷以上者，纪录；6000顷以上

> **《大清会典》**
> 也叫五朝会典，是康熙、雍正、乾隆、嘉庆、光绪五朝所修会典的总称。它以行政法律为主要内容，详细记述了清代从开国到清末的行政法规和各种事例，反映了封建行政体制的高度完备。不仅是清代行政法规大全，也是我国封建社会最完备的行政法典。

■ 清代农具模型连枷

者加升一级。道、府官员，垦至1000顷以上者，纪录；2000顷以上者加升一级。州、县垦至100顷以上者，纪录；300顷以上者加升一级。卫所官员，垦至50顷以上者，纪录，100顷以上者加升一级。文武乡绅，开垦50顷以上者，现任者记录；致仕者给匾旌奖。至于贡、监生以及一般富人仍开垦本主土地，如本主不能开垦，由地方管理招民开垦。

同时还规定：如果为了贪图升官，谎报垦田数，要治罪；为了垦荒而垦荒，垦荒以后不耕种，复使田地荒废者，也要治罪。

为了扩大影响，清政府还命令各级地方官府，举行隆重的"劝垦荒田之典"，由地方官员亲自主持，以表示官府对垦荒的重视。

奖励垦荒作为清初一项既定的国策，也为日后几朝皇帝所沿用。雍正皇帝在继承这一政策的同时，又对开垦中存在的问题进行了一些改革。乾隆也很重视农业垦荒，积极鼓励农民大力开辟山头地角可以耕种

顺天府 明清两代对北京的称谓。辖区在清乾隆时固定下来，领5州19个县。即通、蓟、涿、霸、昌平五州和大兴、宛平、良乡、房山、东安、固安、永清、保定、大城、文安、武清、香河、宝坻、宁河、三河、平谷、顺义、密云、怀柔19个县，又混称为"顺天府二十四州县"。

■清代八旗佐领标识

■ 清代北征臀运图

的土地。

清代的垦荒政策，有军屯与民屯两种基本形式。

军屯在边疆，民屯在内地，其中以军屯为主。清初各地驻军均实行屯田。1645年首先在顺天府实行"计兵受田法"，每个官兵给可耕田十亩，官给牛具、种子。继则推行于直隶、山东、江北、山西等驻军。1667年定江浙等省份驻投诚官兵屯田，人给荒田50亩，眷属多的，量口增加亩数。

军屯的进行是以严格的军事管制。从组织和参加生产的劳动者来说，分为现役军人与军人家属。若以屯田军所承担的封建徭役来分，可分为驻防军与运粮军，但对于没有承担运粮徭役军的，则要按领种屯田计亩出银津贴出运的运丁。

屯田军除了向国家交纳食物及货币地租和承担国家的军事徭役，运粮徭役和皇帝批准的私人兴建徭役之外，不再负担田赋和承担一般封建徭役。

直隶 我国早期的行政区划，意指直属京师之地，明朝有南直隶与北直隶之分，南直相当于今江苏、安徽、上海两省一市，北直相当于今北京、天津、河北大部和河南、山东小部地区；清朝则有直隶省，行政中心设在保定。中华民国初年仍维持旧称，至1928年才改名。

■戍防屯田木雕

民屯始于1649年，当时为了鼓励农民垦荒，顺治帝令各省兼募流民，编甲给照，垦荒为业。募民垦殖，一般由国家供给耕牛、农具、种子、口粮以及房舍住处。《清顺治朝实录》规定：凡垦荒者，垦田归己所有，6年之内不征赋差徭。

阅读链接

康熙制定了许多发展农业生产的政策。比如他禁止圈地，废止贵族圈近京州县田地的特权，将土地让与百姓耕种，并延长垦荒的免税时间。

清初规定垦荒3年内免税，以后改为6年，再后又决定新垦荒田10年后征税。这一政策刺激了农民垦荒的积极性，使耕地面积迅速增加。

此外，对于农民耕种的原先属于明朝宗室的土地，农民可以不必支付田价，照常耕种。此外，他还注重发展水利事业。